西安市科技局科普专项支持（项目编号：24KPZT0015）

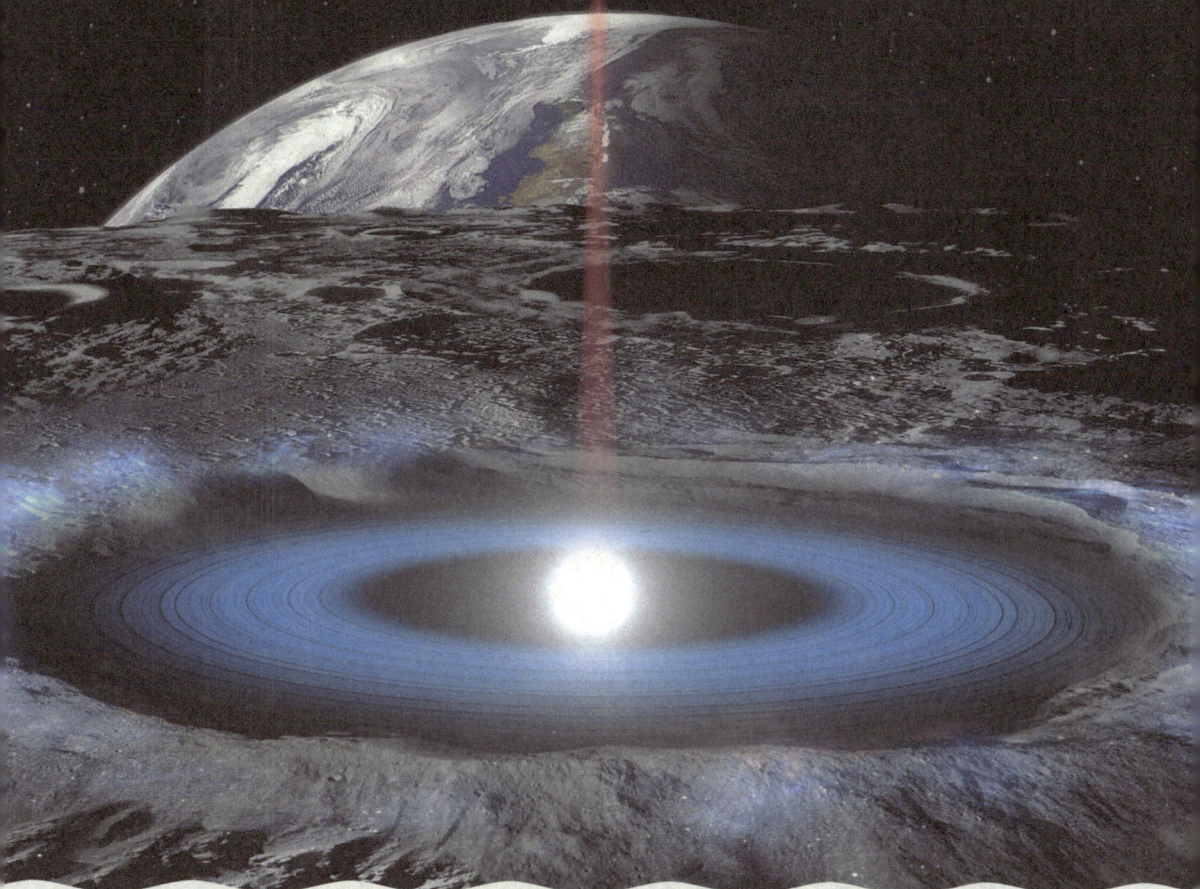

前沿科技科普丛书

激光技术

JIGUANG JISHU

前沿科技科普丛书编委会　编

西安电子科技大学出版社

图书在版编目(CIP)数据

激光技术 / 前沿科技科普丛书编委会编.— 西安:
西安电子科技大学出版社, 2023.11
(前沿科技科普丛书)
ISBN 978-7-5606-6672-3

Ⅰ.①激… Ⅱ.①前… Ⅲ.①激光技术—青少年读物
Ⅳ.①TN24-49

中国版本图书馆 CIP 数据核字(2022)第 209093 号

策　　划　邵汉平　穆文婷
责任编辑　邵汉平　穆文婷
出版发行　西安电子科技大学出版社(西安市太白南路 2 号)
电　　话　(029)88202421 88201467　　邮　　编　710071
网　　址　www.xduph.com　　　　　　电子邮箱　xdupfxb001@163.com
经　　销　新华书店
印刷单位　广东虎彩云印刷有限公司
版　　次　2023 年 11 月第 1 版　　2023 年 11 月第 1 次印刷
开　　本　787 毫米×960 毫米　　1/16　　印张　6
字　　数　100 千字
定　　价　26.80 元
ISBN　978-7-5606-6672-3 / TN
XDUP　6974001-1
*****如有印装问题可调换*****

前言

　　激光技术是 20 世纪人类的一项伟大发明,它对人们的生活方式起到了巨大的推动作用。如今,激光技术已经广泛应用于社会生活的方方面面。

　　本书主要介绍激光的相关知识,包括激光产生的原理,激光的特性、作用,激光理论的诞生,激光技术的发展和前景,激光器的结构与种类,激光技术在工业生产、通信、医学、军事等领域的应用,生活中随处可见的激光技术,中国激光技术的发展,以及未来的激光器。本书全方位解析神秘的激光,旨在让青少年真正认识激光,了解激光技术的发展情况,激发他们对科技的热爱和探索科技的欲望。

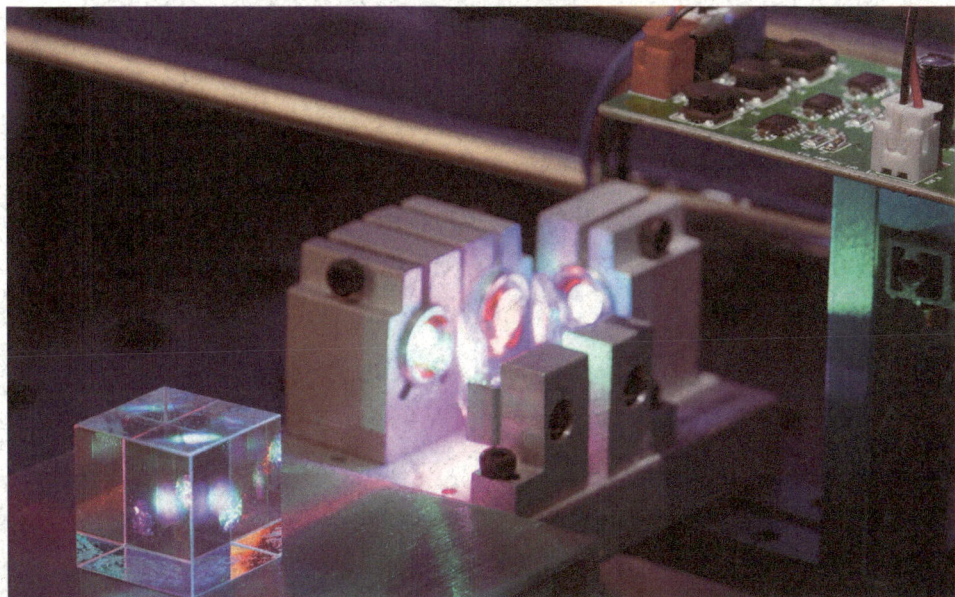

目 录

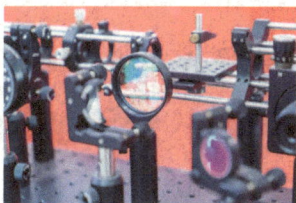

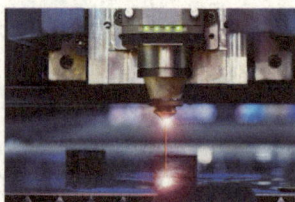

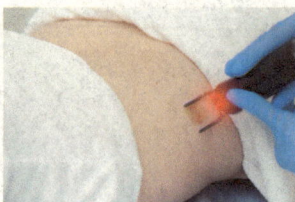

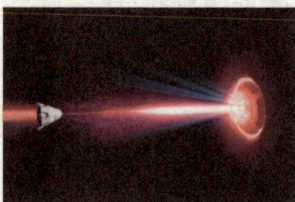

什么是激光

　　光在我们生活中随处可见,太阳光、灯光我们都不陌生。但有一种光,号称是世界上最亮的光,我们却不太了解,它就是激光。人们也将它称为"最快的刀""最准的尺"。

激光是一种光

　　激光,顾名思义,是一种光。它的产生原理和光相似,即光源中的电子获得额外能量后从低能级跃迁到高能级,再从高能级回落到低能级时,会释放出一定频率的光子,这些光子就构成了激光。

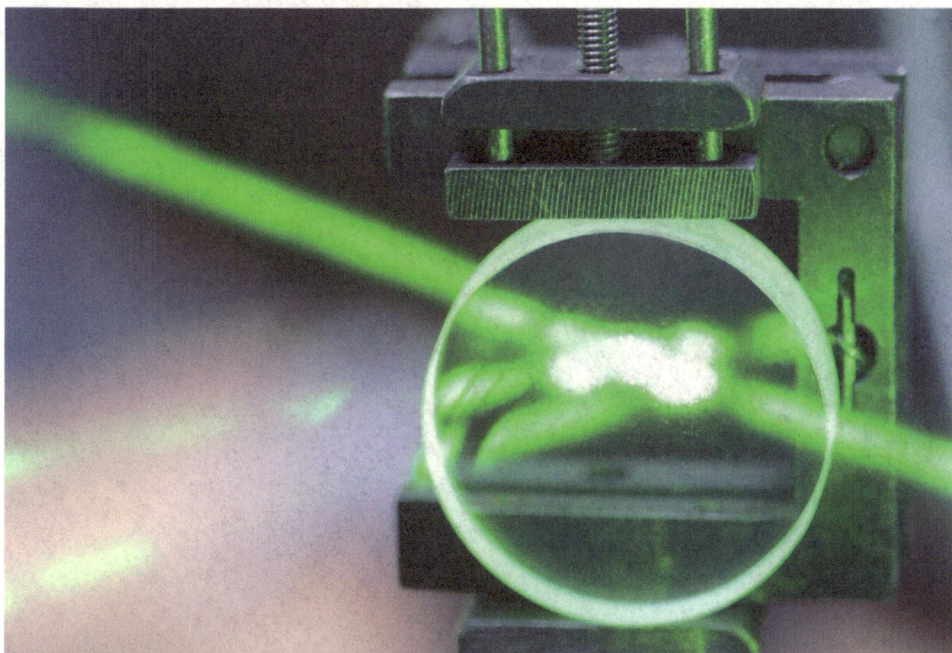

▲ 绿色激光束

激光是强化的光

　　激光与普通的光不一样,它是人为地通过外部刺激制造出来的,外部刺激越强烈,释放的能量就越强大。可以说,激光是一种被强化了的光。

> **光的基本特征**
> 1.光以直线传播。
> 2.光以波的形式传播。
> 3.光速极快。

1

激光产生的原理

我们说激光是一种被强化的光，那么它究竟是如何被强化的呢？这还要从原子说起。原子是组成物质的基本单位，下面我们就深入小小的原子内部，来看看激光产生的基本原理。

原子内部的平衡

原子是由中心的原子核和围绕原子核运动的电子组成的。通常情况下，原子核和电子之间的距离是相对稳定的，它们之间相互作用，形成了一种平衡状态。

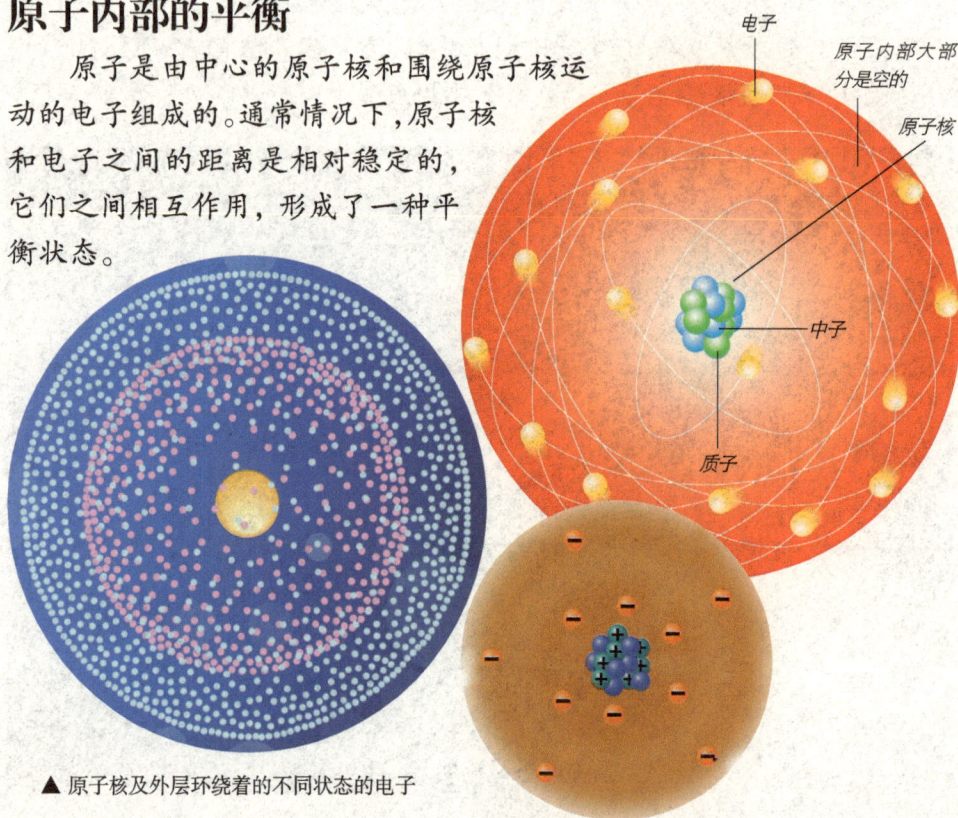

电子

原子内部大部分是空的

原子核

中子

质子

▲ 原子核及外层环绕着的不同状态的电子

光的产生

一旦原子吸收了外部的能量，平衡就被打破了。这时，电子会自发调整和原子核之间的距离，这就叫电子跃迁。在跃迁过程中，电子将一部分能量释放出去，便形成了光。

原子结构

原子中的原子核带正电荷，电子带负电荷，正常情况下，原子内部处于静电平衡状态。

激光的产生

　　基于原子内部平衡的特性，人们开始人为地给原子添加一个外来的刺激，改变原子内部原子核和电子间的距离，迫使电子迅速调整距离并释放出更大的能量。这时，激光就出现了。

▲ 实验中的激光装置

原子的自发辐射和受激辐射

　　自发辐射：在没有任何外界能量作用下，原子中的电子会自发地从高能量状态向低能量状态跃迁，这叫作自发辐射。我们日常生活中常见的各种灯光都是自发辐射产生的。

　　受激辐射：在强烈的外来辐射作用下，原子中的电子由高能量状态向低能量状态跃迁，这叫作受激辐射。受激辐射是产生激光的必要条件。

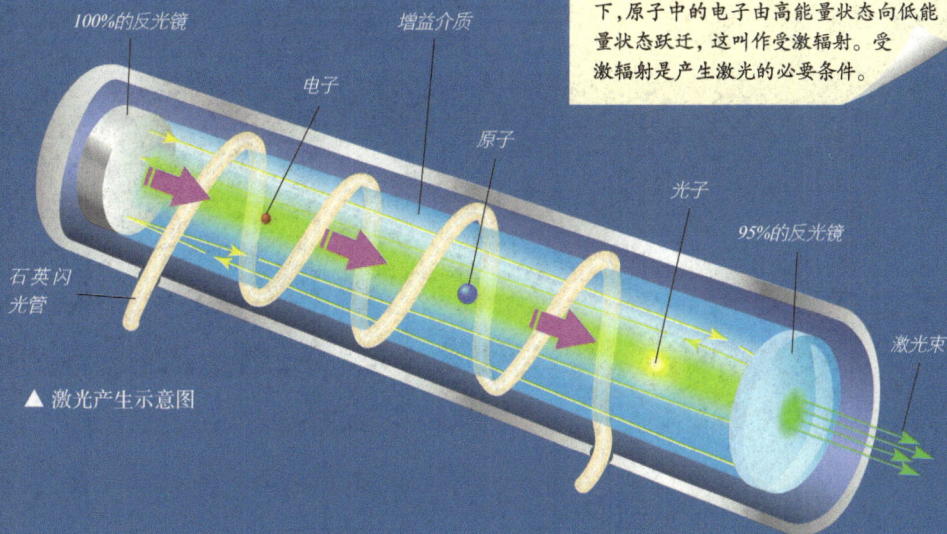

100%的反光镜　　　增益介质

电子

原子

光子

95%的反光镜

石英闪光管

激光束

▲ 激光产生示意图

受激发的光

　　激光不是自发产生的，而是受人为刺激改变原子能量大小，受激产生的光。这样的光，由于原子能量变化的幅度更大，因此比普通光的能量更高、更强大。

激光的基本特性

　　我们一直强调激光不同于普通光，那么它到底不同在什么地方呢？基于激光的产生原理，激光有四大特性是其他光源都比不上的，可以说人类目前还找不到第二种光源能与之媲美。

定向发光

　　普通光总是射向四面八方，但激光始终是朝一个方向射出的，能够做到定向发光。而且激光发射后的发散角度非常小，就算射出去20千米，它的光斑直径也只有大概20~30厘米。

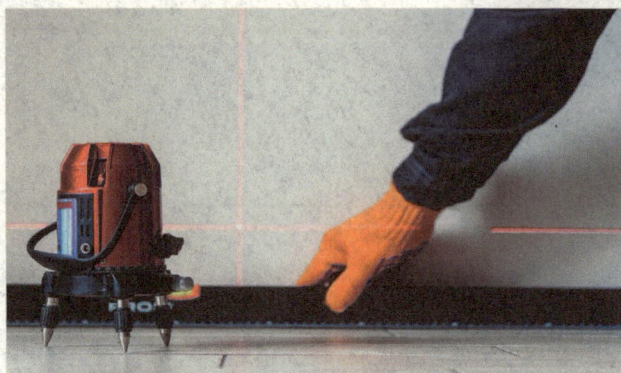

◀ 朝着一个方向射出的激光

光的干涉现象

　　向平静的水面扔下一块石头，会荡起波纹，这就是水波。同时向水中投入两块石头，会同时激起两道水波。这两道水波各自独立地传开，但又会在相遇时互相影响，这就是波的干涉现象。光波也是一种波，同样会像这样互相影响，产生光的干涉现象。

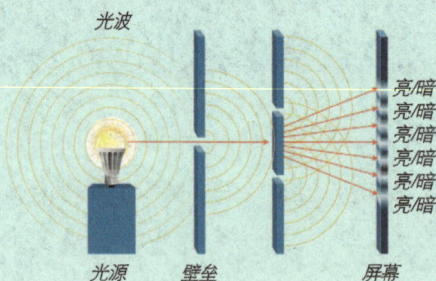

光波

亮暗
亮暗
亮暗
亮暗
亮暗
亮暗

光源　　　壁垒　　　　　屏幕

单色性好

　　光的颜色由光的波长决定，不同的波长对应不同的颜色。一束光线中，波长的范围越窄，光表现出的颜色越单一。激光的波长几乎一致，分布范围窄到极限，因此它的单色性很好。

▶ 激光的单色性远远超过任何一种单色光源

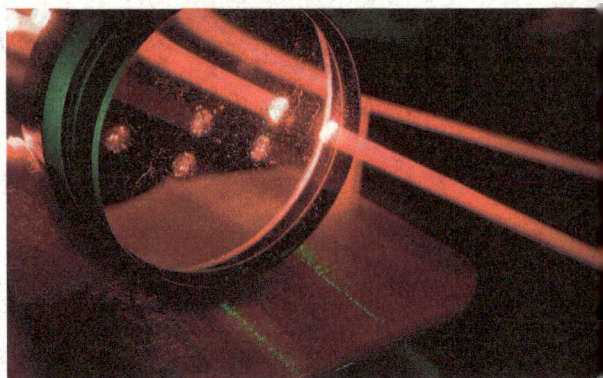

◀ 激光束中的大量光子集中在一个极小的空间范围内射出，产生的能量密度极高

高强亮度

　　激光发射时能量高度集中，所以它的亮度很高，要比太阳光的亮度高出大约100亿倍！如果把中等亮度的激光照射在一个点上，可以使那个点瞬间产生几千甚至几万摄氏度的高温。

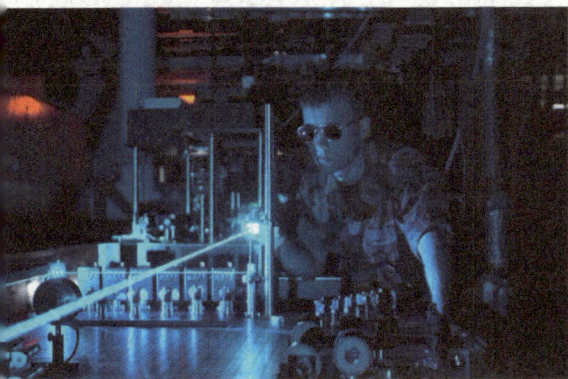

相干性好

　　光以波的形式传播。在传播过程中频率相同或波形完全一致的光，叫作相干光。激光的单色性高，方向性好，因此相干性也在各种光中表现突出。

◀ 激光的产生原理是受激辐射，它受人为控制，这决定了它本身具有非常优秀的相干性

激光的神奇作用

激光是一种特殊的光,具有单色性好、定向性好、相干性好等特性。这些特性决定了它在物质间传播时,会与物质发生相互作用。因此,激光技术能广泛应用于各个领域。

产生光压

激光在物质中传播时,一部分被物质吸收,剩余部分则穿透了物质。在此过程中,激光会对物质施加一定的压力,也就是光压。

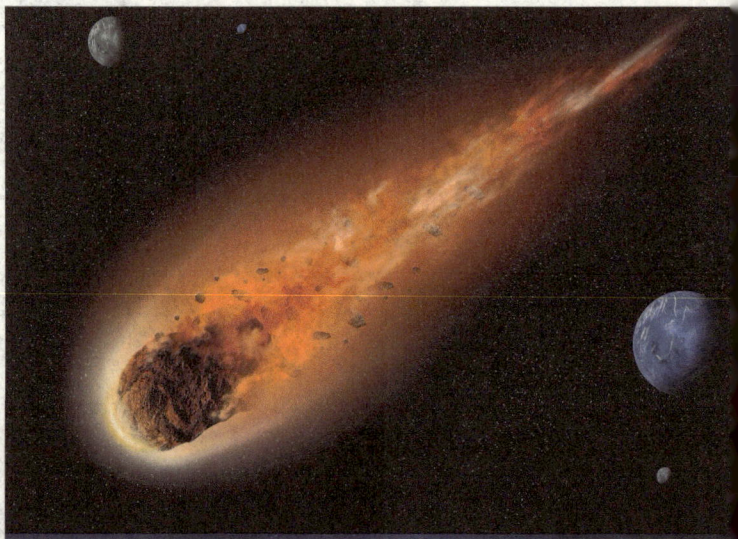

▶ 当彗星从太阳旁边通过时,它的尘粒与气体分子就会受到光压的作用,从而形成彗尾

▲ 激光在传播时被吸收和反射

倍频效应

光会造成物质中的电子振动，从而产生电磁波。当入射光较弱时，电子的移动较小；而当入射光达到激光这样的强度时，电子振动会变得剧烈，振动频率相比于入射光频率，也会加倍增高，这就是倍频效应。

激光蒸发

激光可以使光瞬间集中在很小的区域，达到更高的照射强度，产生加热作用。这样的强光会让物质表面的材料熔化并向外溅射，此种现象称为激光蒸发。

激光蒸发过程

1. 物体表面达到熔点温度，形成熔融层。
2. 温度继续上升，蒸发开始，一部分被吸收的激光变为喷溅蒸气的热量。
3. 系统达到稳定状态。

激光加热

用激光加热物体，能使物体表面温度升高。一旦温度高于材料的熔点，物体表面就会产生熔融现象。这时继续加热物体，使温度达到汽化温度，物体表面就会发生汽化现象。

▲ 激光加热

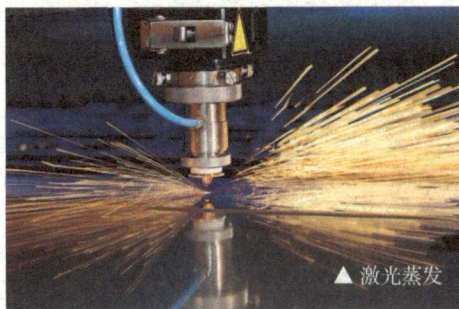

▲ 激光蒸发

化学反应

在激光的作用下，物质还会发生化学反应。激光能切断分子，让物质表面发生光化学反应，从而改变物质的形态。

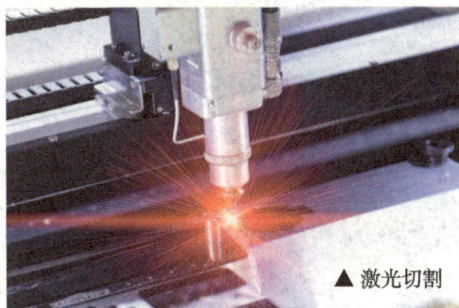

▲ 激光切割

激光理论的诞生

你知道激光是什么时候出现的吗？第一束激光又是在什么情形下产生的呢？现在我们就来看看激光的前世今生。

理论起源

著名的物理学家爱因斯坦，是推动激光理论诞生的先驱。1917年，爱因斯坦提出了一套全新的技术理论"光与物质相互作用"，正是这套理论奠定了激光的理论基础。

◀ 爱因斯坦

激光原理的提出

在爱因斯坦提出"光与物质相互作用"理论之后，许多科学家开始研究激光。1958年美国物理学家查尔斯·哈德·汤斯和他的学生阿瑟·伦纳德·肖洛发现，被光照到的稀土晶体，会发出一种特别的强光。根据这一现象，他们提出了激光原理并因此获得诺贝尔物理学奖。

▲ 查尔斯·哈德·汤斯

第一束激光

只有激光原理还远远不够，1960年，美国物理学家西奥多·哈罗德·梅曼宣布获得了波长为0.6943微米的激光，这是人类有史以来获得的第一束激光。

◀ 西奥多·哈罗德·梅曼

光导纤维

　　仅仅能够捕获激光还不够，人们迫切希望将激光投入实际应用中。但激光的传播是个大难题，几经波折，科学家们才终于找到了理想的激光传输媒质——光导纤维。

激光之父

　　"激光之父"这一称呼，被授予了激光的发明者之一——美国物理学家查尔斯·哈德·汤斯。汤斯一生都在从事激光研究工作，留下了许多意义重大的研究成果。

光导纤维

　　光导纤维简称光纤，主要用于光能传送。因为它细如发丝，所以人们给它取了这个名字。我们在生活中最常见的就是用于有线电视和通信的光纤，这种光纤由石英玻璃、多成分玻璃、塑料等多种复合材料制成。它能够把电视信号转变为光信号，再把光信号瞬间传播出去，到我们家里时再通过转换器转变为电视信号，我们便能看到各种电视节目了。

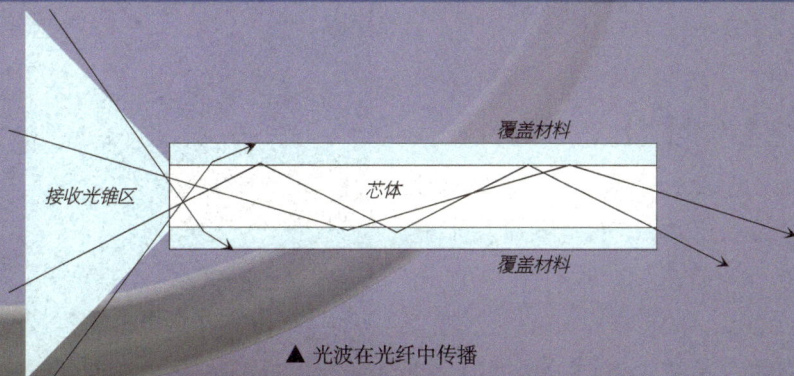

覆盖材料
接收光锥区
芯体
覆盖材料

▲ 光波在光纤中传播

激光技术的发展

　　将激光投入实际应用中，这一过程不是一蹴而就的，而是一段从简单到复杂的历程。现在，我们就来看看激光经过六十多年的反复研究，究竟发展到什么程度了吧！

激光第一次投入应用

　　从科学家捕获到第一束激光到将激光应用于实践，中间只经过了短短一年时间。1961 年，激光在外科手术中用于杀灭视网膜肿瘤，这是激光第一次被投入实际应用。

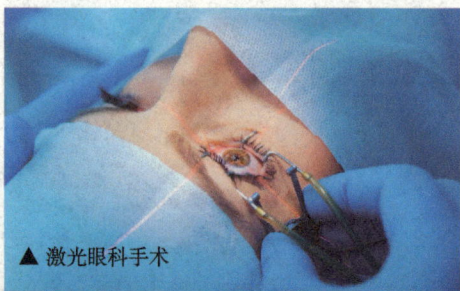

▲ 激光眼科手术

▲ 激光探测器检测半导体

激光水幕

　　现在的很多喷泉表演已经用上了激光。五颜六色的激光灯照射在半空的水雾上，光水共舞，给表演增添了许多奇幻色彩。

激光投入商用

　　应用于外科手术后不久，激光就开始被投入商用，这也是激光技术能很快传播开的基础。激光加工、激光扫描、激光表演等一系列先进技术，让人们的生活更加丰富多彩。

激光更加精密和强大

　　激光投入商用后给人们带来了极大的经济效益，也给激光产业的继续开发带来了足够的经费。激光开始频繁出现在精密医学手术和重要军事国防领域，这也是长期以来激光研究的核心领域。

激光地标

　　夜晚，我们常常能在城市的标志性建筑上看到向夜空四射的彩色亮光，那就是激光地标。激光地标一般安装在建筑物顶端，有的只是几条直直的射线，而有的可以配合音乐，在夜空中变幻形状，甚至能拼凑出图形和文字，很是吸引人。千万别小瞧了它们，就算你已经走出了十几千米远，都还能看到它们在空中闪烁。

激光走进生活

　　时至今日，激光技术的应用范围已经非常广泛，上到国家层面的大型项目和活动，下到我们生活的点点滴滴，都有其参与的痕迹。

▼ 激光舞台

▲ 激光地标

激光器的诞生

　　激光技术的核心是激光器。激光器是制造激光时必须使用的一种装置。有了这种装置，人们便可以制造出各种各样神奇的激光了。

微波激射器

　　自从激光理论提出后，人们就一直在研究怎么制造激光。1954年，美国物理学家查尔斯·哈德·汤斯和阿瑟·伦纳德·肖洛制成了第一台微波激射器，获得了高度相干的微波束，这离激光已经很近了。

第一台激光器

　　继微波激射器之后，科学家们继续在光频领域进行研究。终于，1960年美国物理学家西奥多·哈罗德·梅曼宣布世界上第一台激光器诞生。它以红宝石作为受激物质，能发射出暗红色激光。

◀ 红宝石激光棒

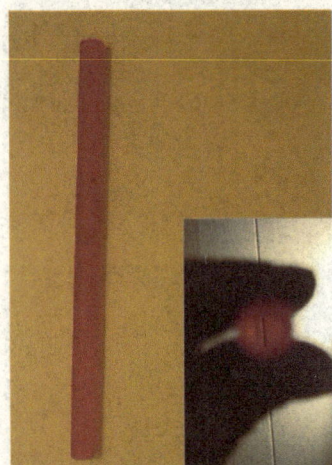

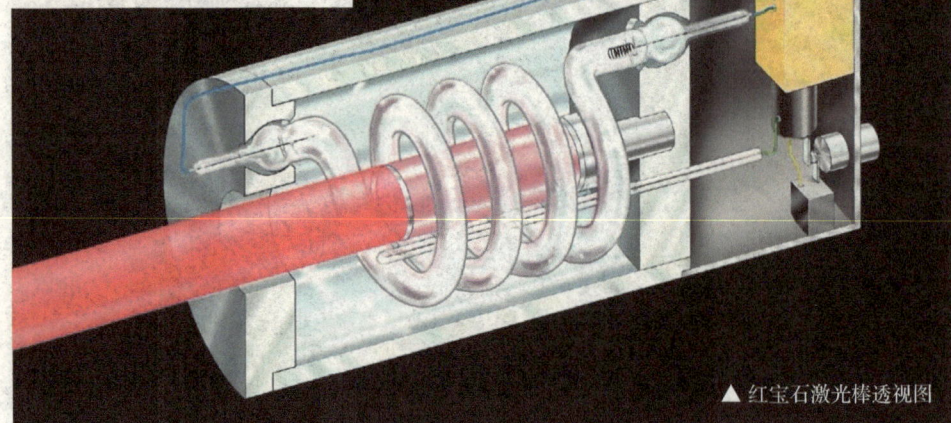

▲ 红宝石激光棒透视图

激光器的专利

虽然世界上第一台激光器是梅曼发明出来的，但激光器的专利却不属于他。激光器的理论构架最早是科学家戈登·古德尔搭建出来的，因此激光器的专利也理所应当属于戈登·古德尔。

激光器的专利之争

古德尔拿到激光器专利的过程并不那么顺利。古德尔在 1958 年搭建好激光器体系，第二年才开始发表相关论文，并为激光器申请专利。但他的申请被拒绝了，理由是他的论文导师正是微波谐振腔技术的发明者查尔斯·哈德·汤斯。也许当时的专家们还不能很清楚地分辨微波谐振腔技术和激光器技术的本质区别，所以无法判断是不是应该同意这项专利的申请。古德尔没有放弃，他继续申请专利。终于在 1977 年，这项专利在美国获得了批准。

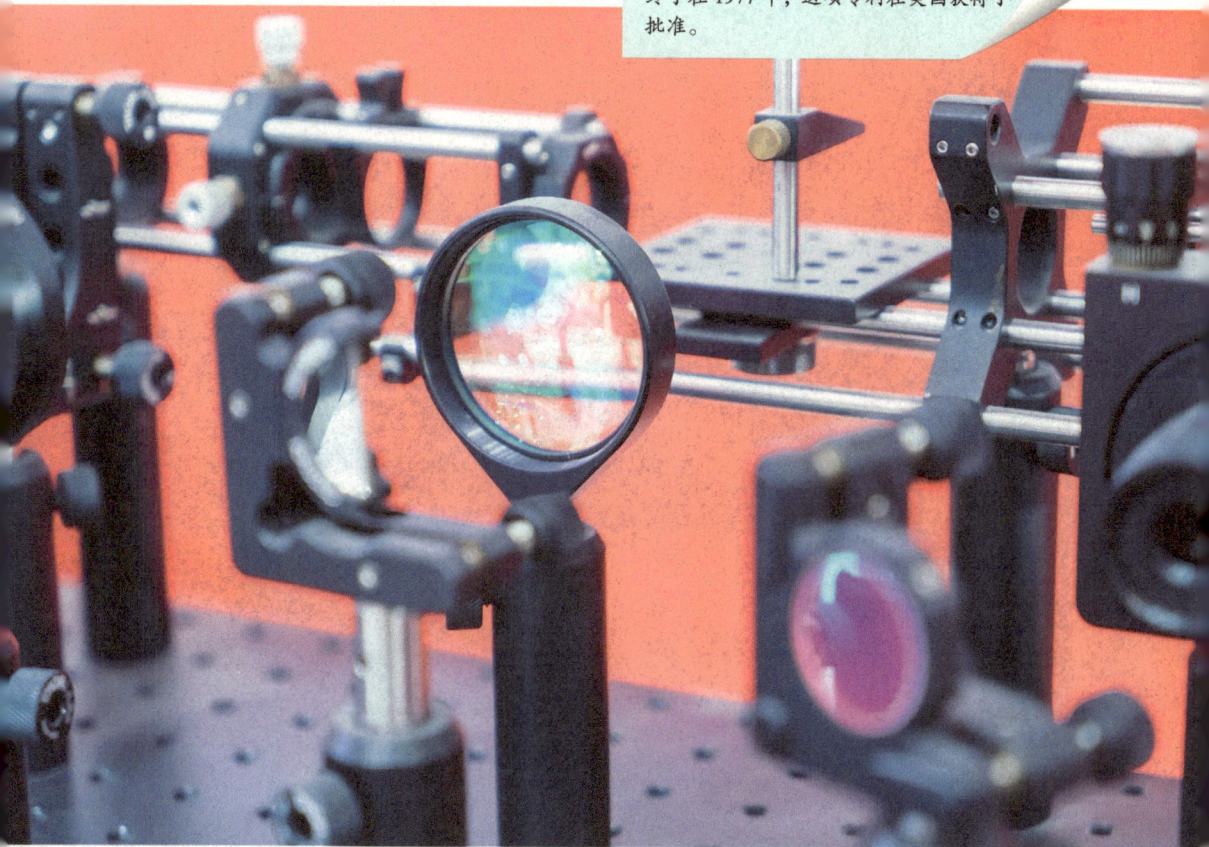

▲ 激光器很快运用于工业、农业、精密测量和探测、通信与信息处理、军事等领域

现今的激光器

从1958年到今天，激光器已经更新换代很多次了。如今的激光器反应快速，工作高效，对各种信息的扫描都不在话下，更有各类应用不断被开发和推广。

激光器的结构

　　为了能发射出质量纯净、光谱稳定的激光,科学家们费尽心力研究激光器的结构。这种结构既要满足激光产生的必要条件,又要兼顾实用性和便利性,这样激光技术才能得到更好地普及。

必要条件

　　市面上大部分激光器的工作原理基本相同。要想产生激光,激光器必须具备三大条件,分别是受激物质、提供能量来源的装置以及光学谐振腔,三者相互作用才能产生激光。

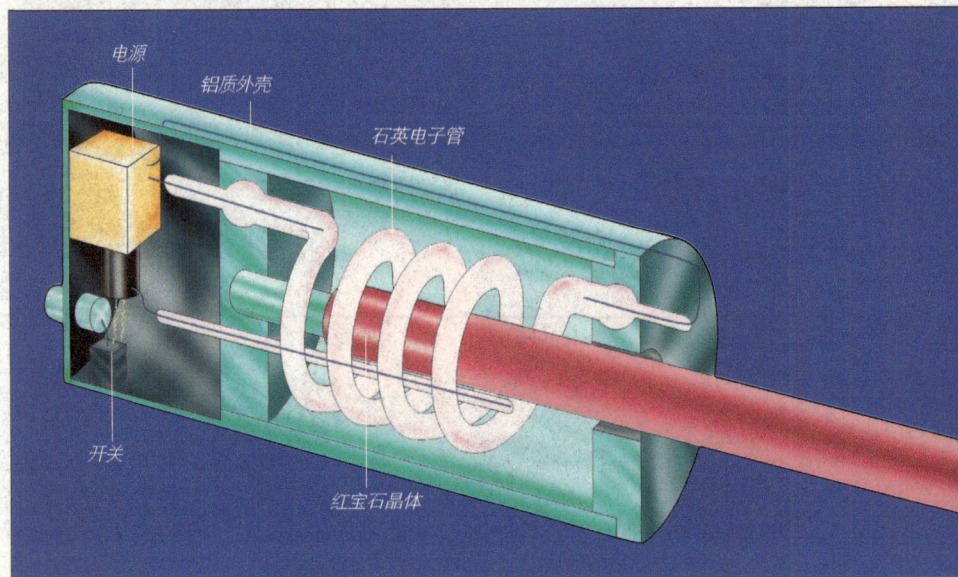

电源
铝质外壳
石英电子管
开关
红宝石晶体

▲ 激光器内部结构示意图

激光媒质

　　激光媒质就是激光工作的受激物质,其可以是固体、气体、液体,也可以是半导体。只要这种物质具有合适的能量值和比较活跃的跃迁特性,就可以成为激光媒质。

激励装置

仅仅有激光媒质是不够的，还需要一个能够持续提供能量来源的激励装置。不同的激光媒质和不同的激光器运转条件，需要选择不同的激励装置。

不同类型的激励装置

光学激励：通常由气体放电光源（例如氙灯、氪灯等）和聚光器组成，将外界光源辐射到受激物质上来刺激物质产生激光。

气体放电激励：通常由放电电极和放电电源组成，利用在气体受激物质内发生的气体放电过程来刺激物质产生激光。

化学激励：通常要求有适当的化学反应物和相应的引发措施，利用在受激物质内部发生的化学反应来刺激物质产生激光。

核能激励：利用小型核裂变反应所产生的裂变碎片、高能粒子或放射线来刺激物质产生激光。

光学谐振腔

有了激励装置之后，还需要安装一个光学谐振腔。腔内的反射镜具有光学反馈能力，并对腔内光束的方向和频率进行限制，以保证输出的激光具有很好的定向性和单色性。

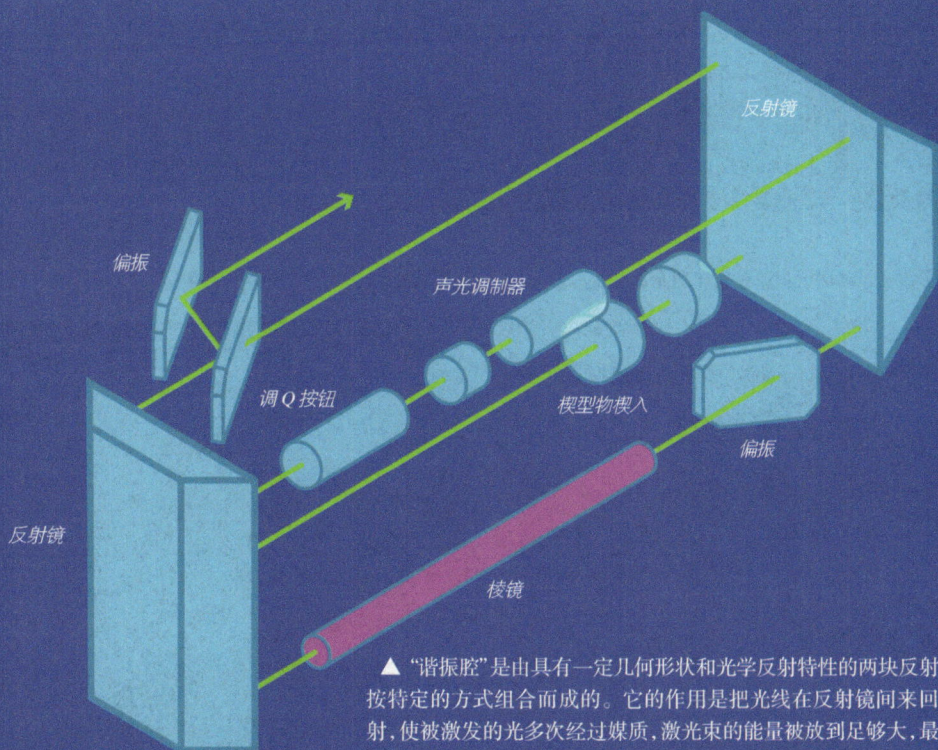

反射镜

偏振

声光调制器

调Q按钮

模型物楔入

偏振

反射镜

棱镜

▲ "谐振腔"是由具有一定几何形状和光学反射特性的两块反射镜按特定的方式组合而成的。它的作用是把光线在反射镜间来回反射，使被激发的光多次经过媒质，激光束的能量被放到足够大，最终从反射镜发射出去

激光器的种类

　　经过几十年的发展，目前人们已经研制出了上百种不同类型的激光器。它们特点各异，在信息扫描、光纤通信、激光雷达、激光唱片等多个领域为我们的生活提供了极大的便利。

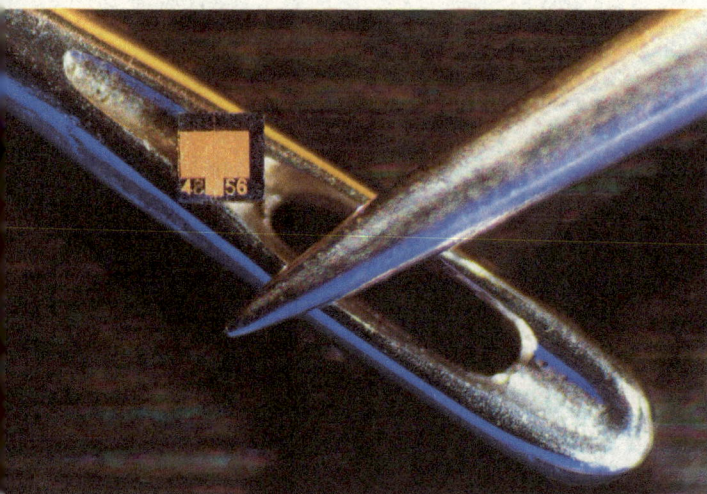

不同媒质的激光器

　　激光媒质是激光器发挥作用必不可少的东西，根据不同的激光媒质，激光器大致可以分为气体激光器、固体激光器和半导体激光器等类型。

▲ 微型二极管激光器是一种半导体激光器

▼ 约有足球场大小的钕玻璃激光器　　　　▼ 染料激光器是一种液体激光器

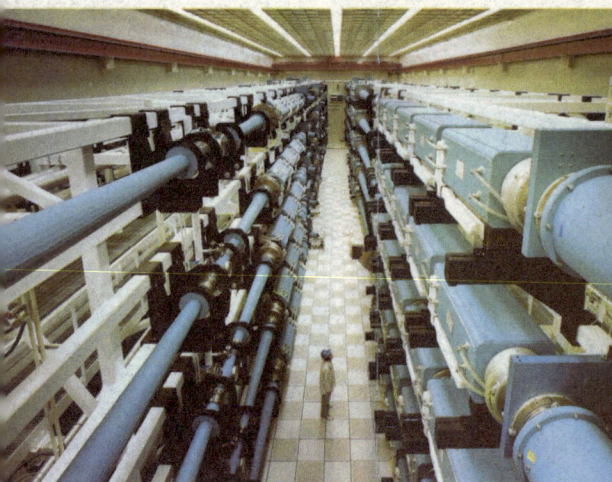

不同波长的激光器

　　针对不同波长的光波,科学家们研发了相应的激光器。目前,从波长较短的紫光到波长较长的红光、远红外光,激光器研发都有涉足,甚至连X、γ射线激光器也即将问世。

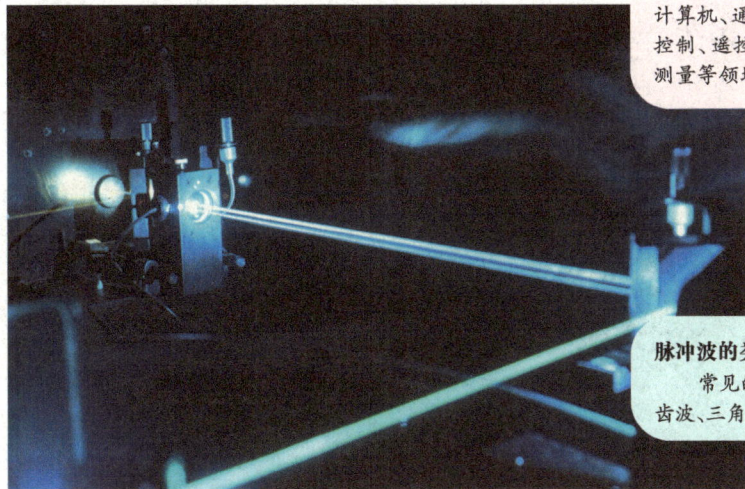

◀ 能发出蓝绿光的氩离子激光器

不同激励方式的激光器

　　在激光器中,激励方式也很重要,所以人们又根据不同的激励方式,研制出了光激励、气体放电激励、化学反应激励、核反应激励等类型的激光器。

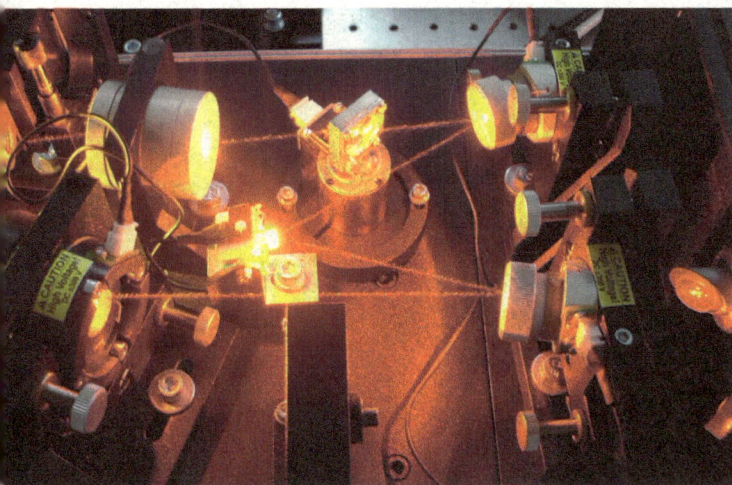

不同输出方式的激光器

　　不同的激光输出方式造就了不同类型的激光器,如连续激光器、单脉冲激光器、连续脉冲激光器和超短脉冲激光器等。

◀ 连续激光器

固体激光器

固体激光器作为最早出现的激光器,能一直延续至今,自然有它独特的魅力。今天的固体激光器经过几十年的改良发展,早已在军事、医疗等领域站稳了脚跟。

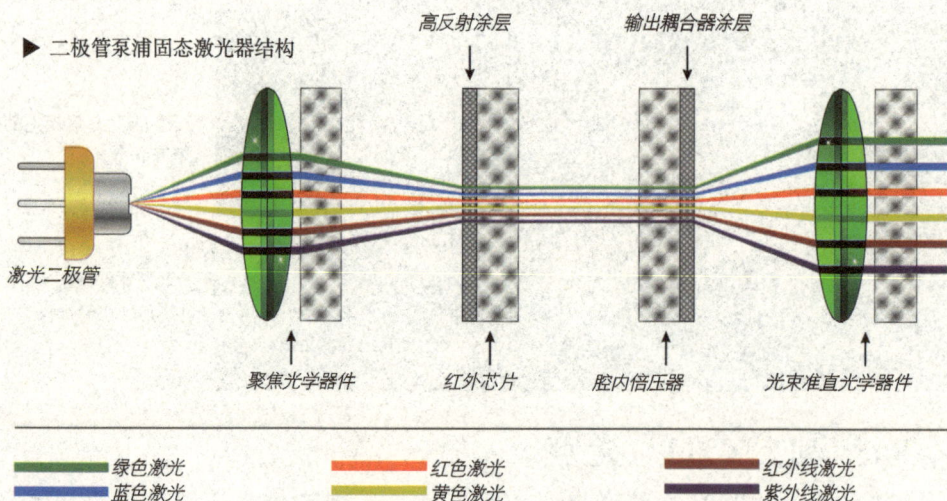

▶ 二极管泵浦固态激光器结构

高反射涂层　　　　输出耦合器涂层

激光二极管

聚焦光学器件　　红外芯片　　腔内倍压器　　光束准直光学器件

▬ 绿色激光	▬ 红色激光	▬ 红外线激光
▬ 蓝色激光	▬ 黄色激光	▬ 紫外线激光

工作物质

固体激光器是用固体物质作为工作物质的激光器。这类物质多是用能产生受激发射作用的金属离子掺入透明的晶体或玻璃制成的,和最初的红宝石相比,在很大程度上节约了成本。

激励源

大多数固体激光器都以光作为激励源,无论半导体发光二极管或太阳光,都是很好的光激励源。现在最新的一些固体激光器还有使用激光作为激励源的。

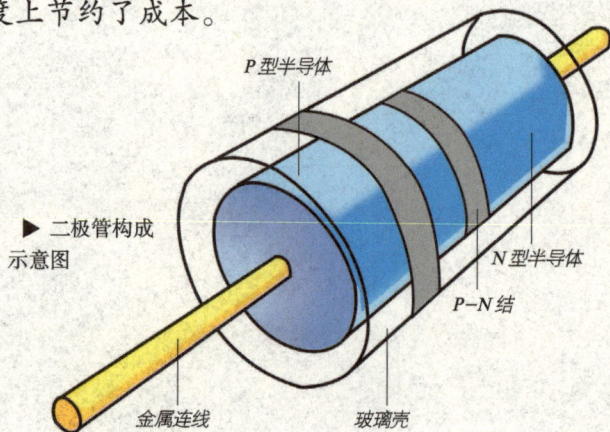

P型半导体

▶ 二极管构成示意图

N型半导体

P-N结

金属连线　　玻璃壳

部分固体激光器

可调谐近红外固体激光器：主要用于超短脉冲的发生和放大，具有调谐激光纳米长度的优点，并有较好的热力学性质，为材料处理、组织消融、化学和生物过程的快速研究提供了重要的手段。

掺钛蓝宝石激光器：在蓝宝石中掺杂钛这种激活离子作为工作物质的固体激光器，具有输出功率大、转换效率高、运转方式多样等特点。

应用趋势

固体激光器具有多种特性，应用范围极其广泛，在军事、加工、医疗和科学研究等领域均有使用，比如测距、切割、光谱研究、外科手术以及激光核聚变等，都能用上它。

▶ 掺铵钇铝石榴石激光器可用于星火光学靶场

特性

固体激光器最大的特性，便是它的大能量和高功率，坚固耐用也是人们喜欢它的原因之一。这类激光器储存能量的能力很强，是制造超强激光辐射的上好选择。

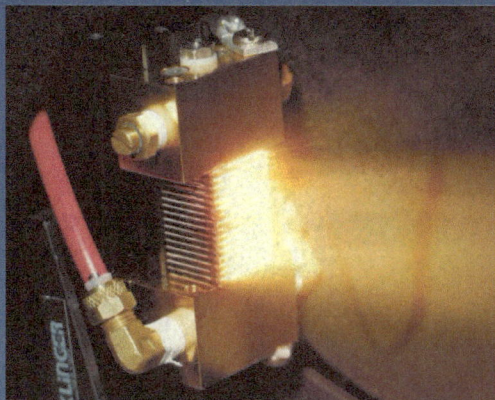

▲ 激光二极管阵列可以实现非常高的功率输出

半导体激光器

如果说固体激光器是激光器发展历史上的老牌战将，那么半导体激光器便是一颗冉冉升起的新星。虽然半导体本质上也是一种固体，但它的特性使半导体激光器无法被归入固体激光器中，只能另成一派。

半导体

固态物质中，允许大量电子自由流动的叫导体；只允许极少数电子通过的叫绝缘体；导电性低于导体又高于绝缘体的叫半导体，半导体材料是很好的激光器工作物质。

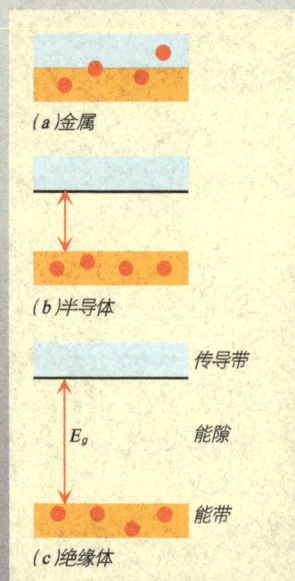

◀ 导体、半导体和绝缘体

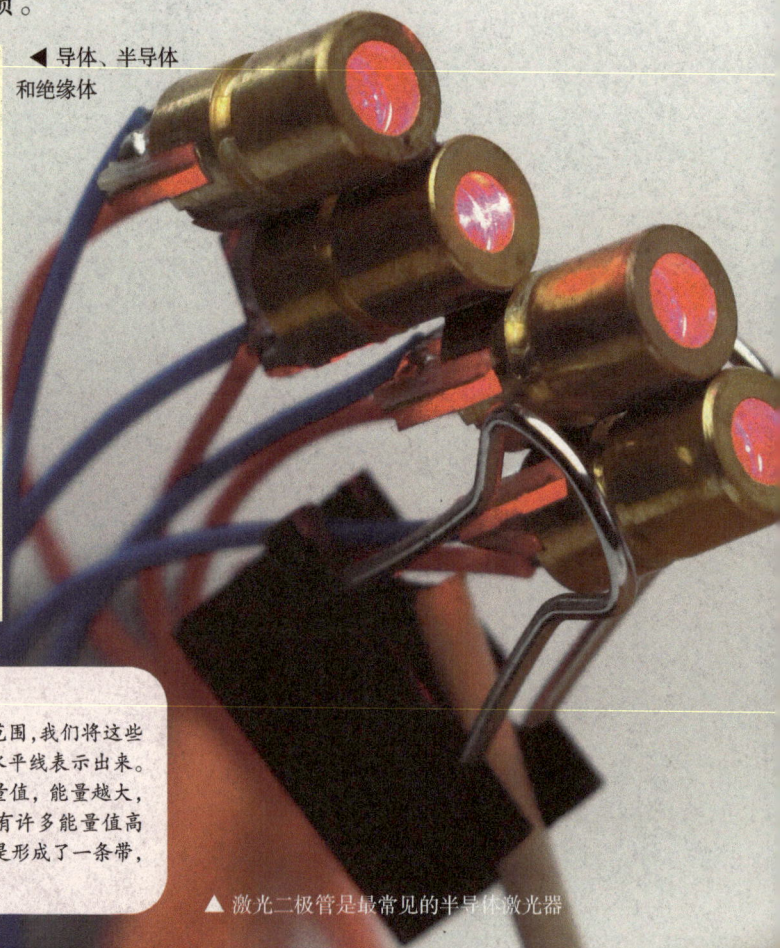

(a)金属

(b)半导体

传导带

E_g　能隙

能带

(c)绝缘体

什么是能带

晶体中的电子具有能量范围，我们将这些能量范围形象化地用一条条水平线表示出来。一条线即代表电子的一个能量值，能量越大，线的位置越高。一定范围内有许多能量值高低不同的横线挨挤在一起，像是形成了一条带，这条带称为能带。

▲ 激光二极管是最常见的半导体激光器

工作原理

半导体激光器利用半导体物质在原子能带间跃迁发光，以半导体晶体平滑破裂面形成的两个平行反射镜面作为反射镜，组成谐振腔，使光振荡、反馈，产生光的放大辐射，输出激光。

深海光通信

半导体激光器发射出的激光抗干扰能力特别强，因此人们将它用于探索深海。在深海中，蓝绿色光源的穿透性更好。人们只要在潜艇上装载发射蓝绿色激光的半导体激光器，潜艇就可以和卫星或航空母舰通信联络了。

最大的优点

半导体激光器能脱颖而出，一方面是因为它体积小、寿命长，适合在飞机、军舰和宇宙飞船上使用，另一方面则是因为它能将电能直接转换为激光，大大提高了激光器的工作效率。

▶ 半导体激光器广泛应用于光纤通信、光盘、激光打印机、激光扫描器、激光笔中，是目前使用量最大的激光器

最大的缺点

半导体激光器的优点有多显著，它的缺点也就有多明显。首先，它的激光性能受温度影响很大，对温度的要求非常高。其次，它体积小，总功率不高，产生的激光在特性上相对较差。

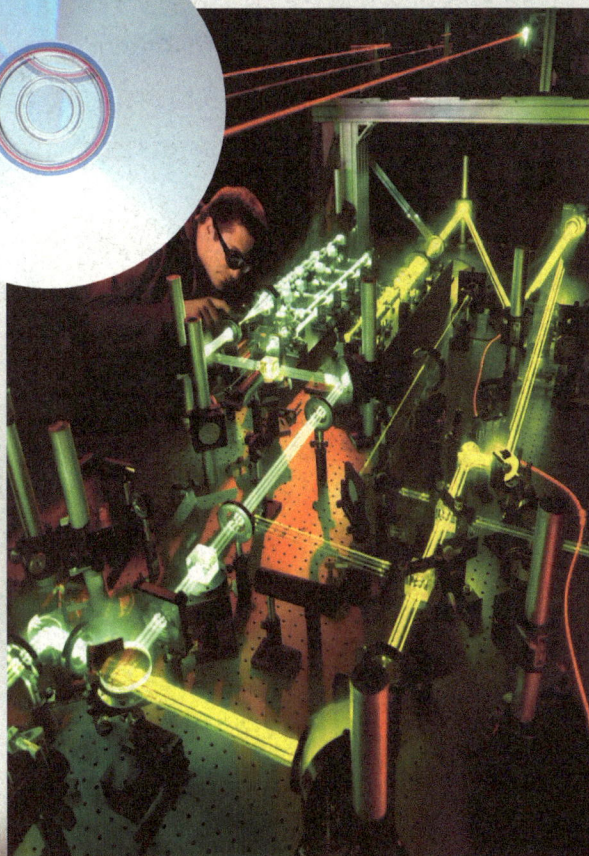

▲ 技术员在测试激光的抗干扰能力

气体激光器

气体激光器也是激光器大类中应用较多的一类。它和固体激光器的使用领域有所不同，具有重量轻便和操作简易的特点。

工作物质

气体激光器的工作物质当然是气体了，这些气体可以是纯气体，比如氖气，也可以是混合气体，比如空气，还可以是原子气体、分子气体、离子气体、金属蒸气等。

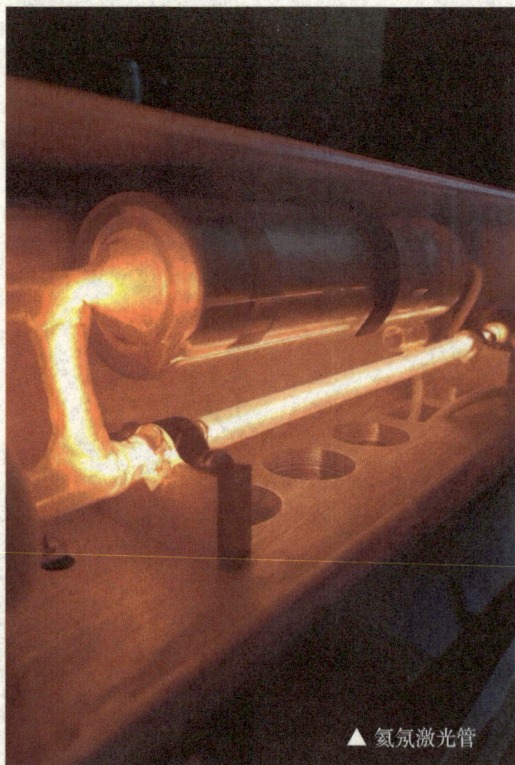

▲ 氦氖激光器的石英管中装有氦氖气体，在电子振荡器的激励下，能发生非弹性碰撞，使电子跃迁，放出红外线

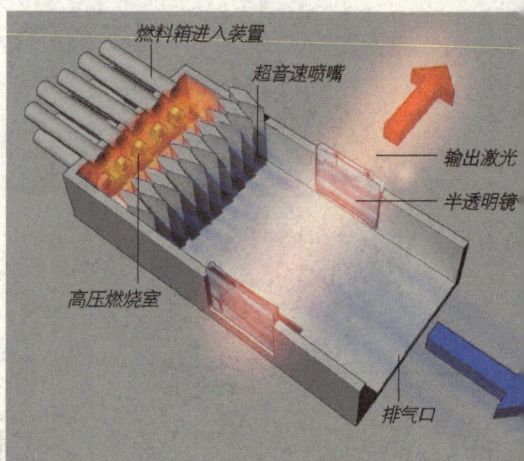

▲ 气体动力激光器内部构造示意图

燃料箱进入装置
超音速喷嘴
输出激光
半透明镜
高压燃烧室
排气口

激励方式

气体激光器有电能、热能、化学能、光能、核能等多种激励方式，目前最常用的是电能激励方式。人们在适当放电的条件下，利用电子碰撞产生的能量使气体粒子受激，从而发射激光。

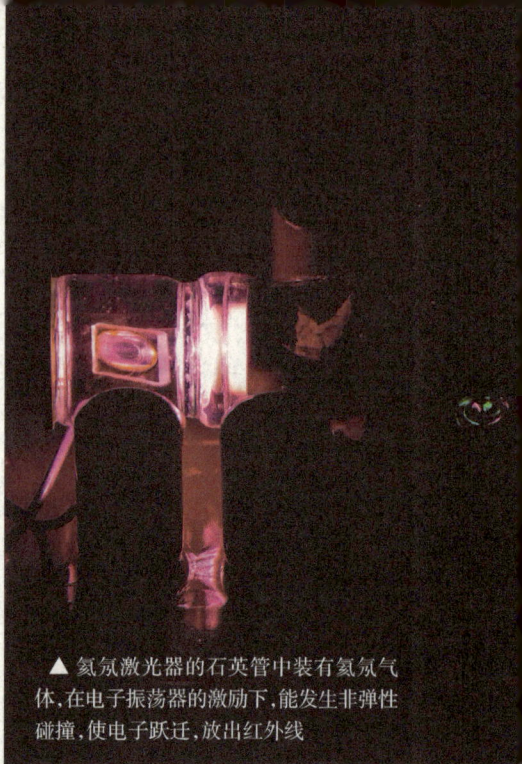

▲ 氦氖激光管

22

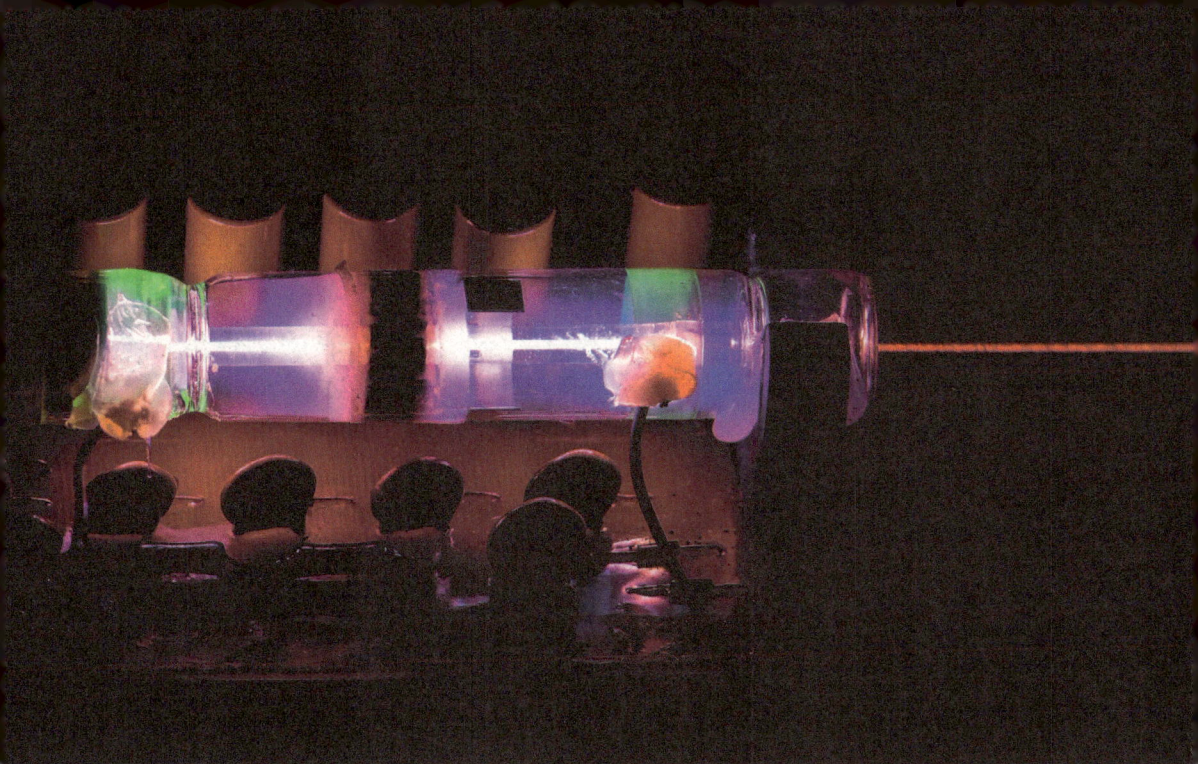

显著优点

　　气体激光器的单色性和相干性都比较好，能长时间较稳定地工作，并且大都能连续工作。一般说来，气体激光器结构简单、造价低廉、操作方便，极适合于民用和科学研究。

气体激光器的发展历程

　　1961年，美国贝尔实验室的研究者们发明了最早的气体激光器，即氦氖激光器。

　　1694年，能量转换效率较高和输出更强的气体激光器出现，即二氧化碳激光器。

　　同年，惰性气体离子激光器横空出世，其中最常见的是氩离子激光器。

　　1966年发明的铜蒸气激光器，则是以金属蒸气为主要工作物质的气体激光器。

　　再后来，便是现在常见的各种气体激光器了。

◀ 气体激光器是目前工业应用最广泛的激光器

分类

　　气体激光器分为原子气体激光器、离子气体激光器、分子气体激光器和准分子气体激光器。

23

化学激光器

化学激光器其实是另一类特殊的气体激光器，它的结构和气体激光器相似。不同的是，化学激光器必须通过物质间的化学反应来实现激光器的运转。

化学反应

化学激光器的工作物质多是气体，也有少部分使用液体的。这些物质在激光器内利用化学反应释放的能量将原子或分子激发至某种特定的能量状态，进而受激产生激光。

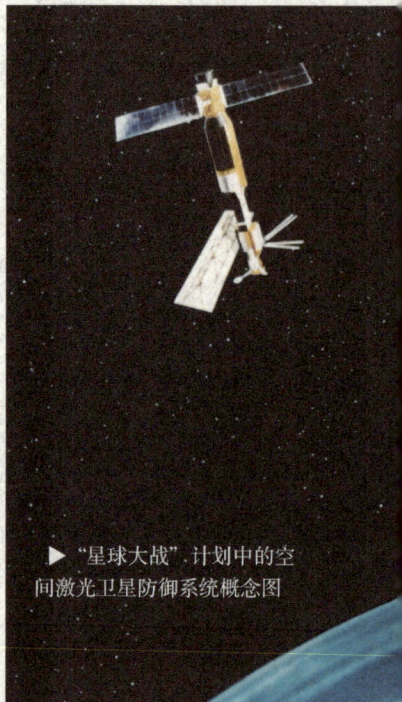

▶ "星球大战"计划中的空间激光卫星防御系统概念图

单位能量大

化学物质本身蕴藏有巨大的化学能，将这些物质在小小的激光器内集中起来，便汇聚成巨大的能量团。当能量团中的化学能直接受激发射激光时，就可以产生能量集中的高能激光束。

▲ 第一个高能、电子束稳定的一氧化碳放电激光器 CO-EDL

◀ YAL-1 机载激光系统是氧碘化学激光器（COIL）武器系统，是目前世界上最大的可移动激光炮塔装置

依赖性小

我们知道，激光器的工作原理，一定少不了外部激励。但由于化学激发能源来自化学反应，因而化学激光器基本上无需外部提供能量，对外依赖性很小，这对其野外作业和军事应用非常有利。

危险性高

化学激光器虽然有很多优点，但危险性也不可忽视。化学激光器的工作物质多数有毒，有时连玻璃一类的物质也容易被它们腐蚀，所以在实际操作时需要格外注意安全。

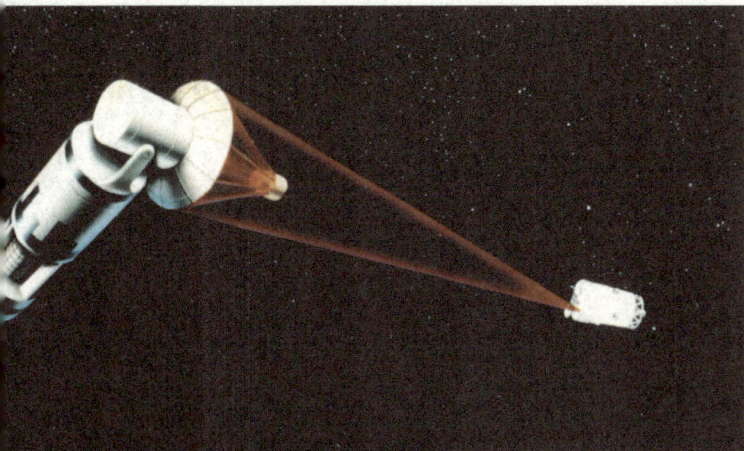

◀ 激光卫星模型机

▼ 1984年的陆基/天基混合激光武器概念图

"星球大战"计划中的高能激光

"星球大战"计划是美国在20世纪80年代提出的一个反弹道导弹军事战略计划。

出台背景： 冷战后期，由于苏联拥有比美国更强大的核攻击力量和导弹破防能力，美国需要建立有效的反导弹系统，来维持其战略核力量的优势。

核心内容： 在外太空和地面部署高能定向武器（如微波、激光、高能粒子束、电磁动能武器等）或常规打击武器，在敌方战略导弹来袭的各个阶段进行多层次的拦截。其中用到的激光武器，主要就是化学激光器。

自由电子激光器

大多数激光器虽然工作物质各有不同，但工作原理基本相同。而自由电子激光器的工作原理则与众不同，所以人们称它为新型激光器。

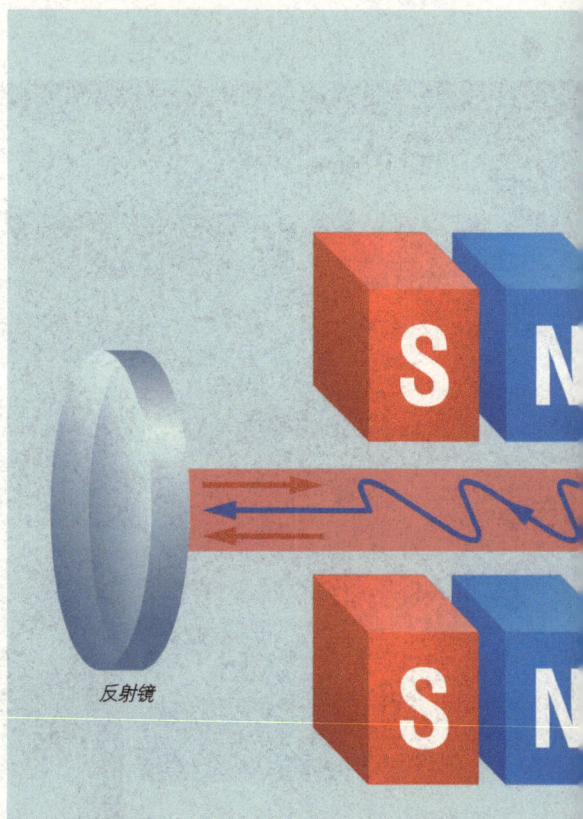

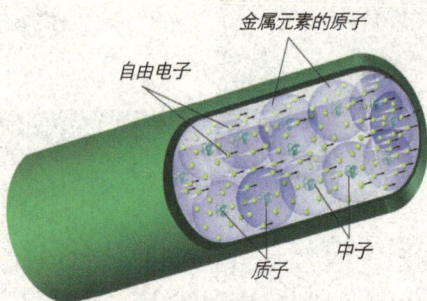

▲ 自由电子示意图

金属元素的原子

自由电子

质子

中子

反射镜

自由电子

原子中电子受原子核的吸引力围绕原子核运动，自由电子就是指不受原子核约束的电子，它们可以自由运动。自由电子激光器的工作物质便是这些自由电子。

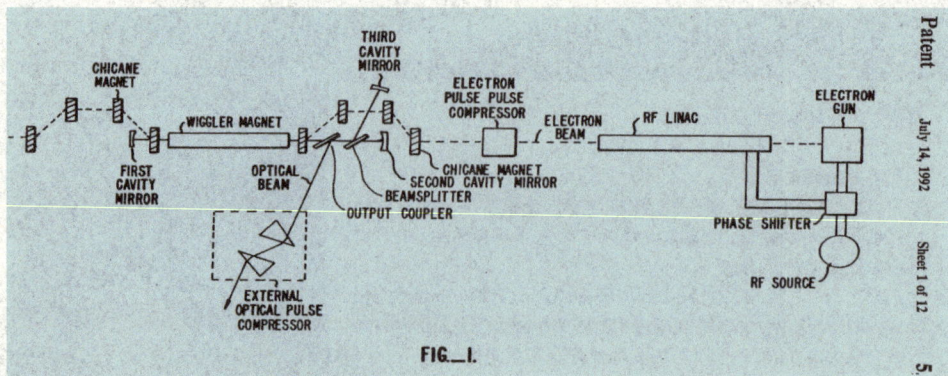

CHICANE MAGNET

THIRD CAVITY MIRROR

ELECTRON PULSE PULSE COMPRESSOR

ELECTRON BEAM

RF LINAC

ELECTRON GUN

WIGGLER MAGNET

FIRST CAVITY MIRROR

OPTICAL BEAM

CHICANE MAGNET SECOND CAVITY MIRROR

BEAMSPLITTER

OUTPUT COUPLER

PHASE SHIFTER

EXTERNAL OPTICAL PULSE COMPRESSOR

RF SOURCE

FIG._I.

Patent

July 14, 1992

Sheet 1 of 12

5.

▲ 自由电子激光器的专利(US 5130994)由约翰·梅迪于1991年6月25日提交,1992年7月14日发布

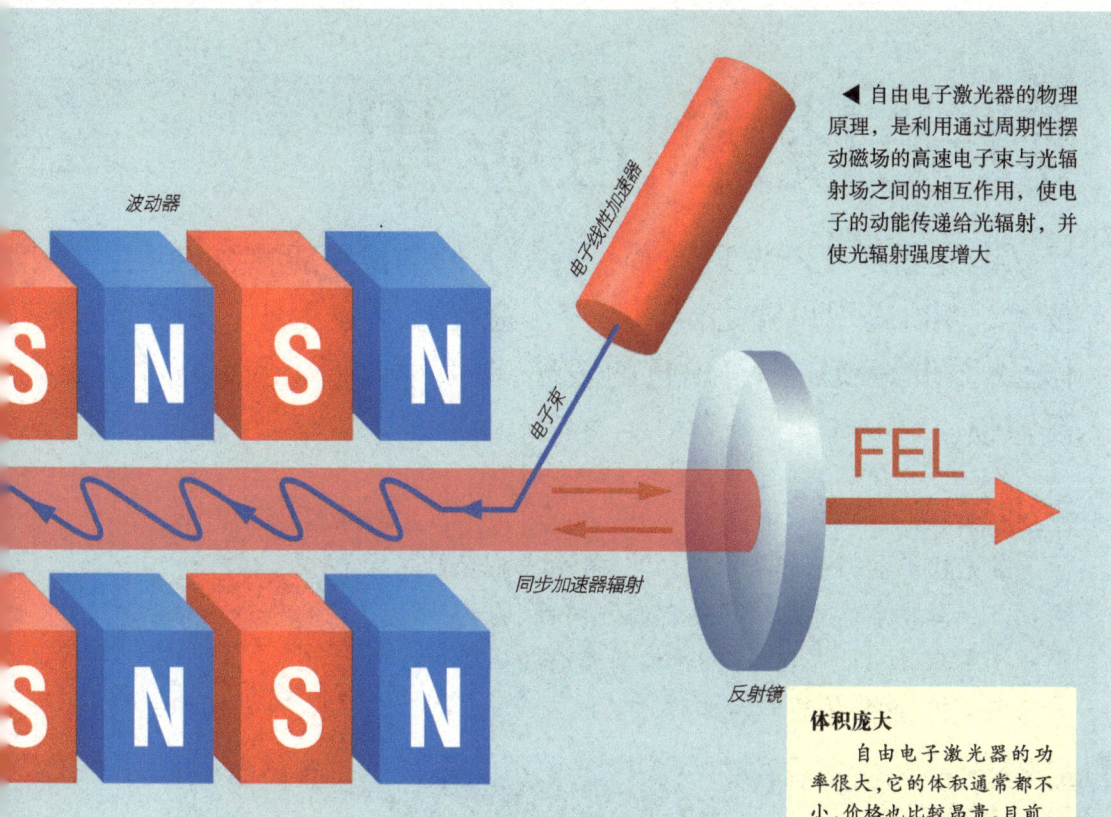

波动器

电子线性加速器

电子束

同步加速器辐射

反射镜

FEL

▲ 自由电子激光器的物理原理，是利用通过周期性摆动磁场的高速电子束与光辐射场之间的相互作用，使电子的动能传递给光辐射，并使光辐射强度增大

体积庞大

自由电子激光器的功率很大，它的体积通常都不小，价格也比较昂贵。目前，人们正在加紧研究紧凑、实用的小型自由电子激光器，以便应用于更多的领域。

工作原理

这些能量高达几千万伏特的自由电子，它们的能量等级并不相同，甚至落差很大。不同能级的自由电子相互作用，能瞬间释放出极高的能量而产生激光，这便是其与众不同的工作原理。

独特性

自由电子激光器集高功率、高效率、波长可调节等一系列优良特性于一体。目前除它之外，还没有任何一种激光器能同时具备这些特性，这也是人们特别看重它的原因之一。

未来应用

人们目前发现的唯一有效的强相干激光信号源就来自自由电子激光器，可以说它的出现为激光学科的研究开辟了一条新途径。未来，人们将把它应用在重要的军事领域。

重复使用

由于自由电子有不受原子核束缚和不受固定电子轨道限制等特性，自由电子激光器的激光功率和效率得以不断提高，而且自由电子的能量不易"衰老"。如果人们在自由电子激光器内采用储存环结构的加速器，那么它的电子束还可以重复使用，其工作效率能进一步提高，远远超出一般的激光器。

27

激光技术的应用

　　激光器的不断发展完善，使得人们掌握了更多的激光技术，各项应用也随之层出不穷。激光技术在工业、医疗、信息、军事等领域都有出色的表现，极大地改变了我们的生活习惯。

工业领域

　　激光技术在工业领域中的应用，最突出的要数激光加工技术。人们利用激光高方向性、高能量的特点，在切割、焊接、打孔等方面都成功实现了技术突破，开创了新的工业时代。

激光笔

　　可能很多人都用过激光笔，它的大小就和一支普通笔差不多，但是它不能写字，只能射出红、绿、蓝等光线。不过激光笔可不能随便玩，如果使用不当，不仅会损伤眼睛，还可能引发火灾，一定要谨慎使用。

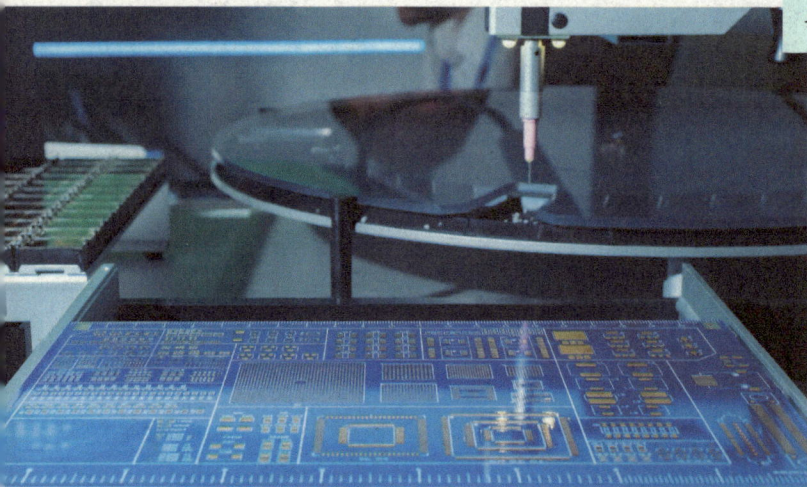
◀ 激光设备生产印制电路板（PCB）

奇怪的激光能量

　　实际运用中的激光，几乎是一种单色光波，它的频率范围极窄，又时常在一个狭小的方向内集中能量，因此它的功率密度非常高，能量非常强。但是，你能想象得到吗？一台红宝石激光器输出的激光能在3毫米的钢板上钻出一个小孔，可它输出的总能量却无法煮熟一个鸡蛋。真是奇怪的激光力量！

▶ 飞船和激光武器想象图

28

医疗领域

医疗行业是激光较早涉及的领域之一。激光能让医生更加清楚地看到人体内的病变组织，不仅可以让医生在病人不流血的情况下进行手术，还可以杀死癌细胞，这对病人来说就是生命的希望。

▶ 激光治疗受伤膝盖的热成像

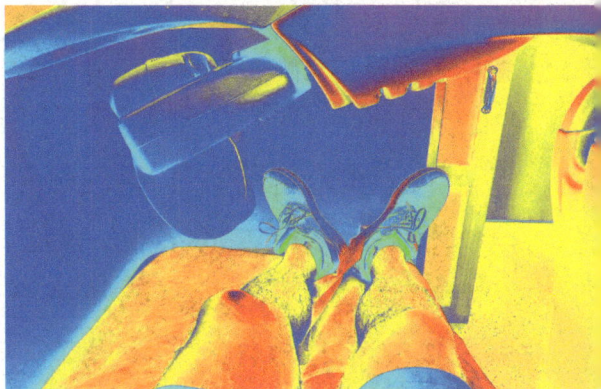

信息领域

在信息领域，人们更加看重激光的高单色性和高相干性。以此为基础，人们使用激光作为传递信息的载体，比如光纤通信，不仅通信质量好，而且通信容量比之前扩展了不少。

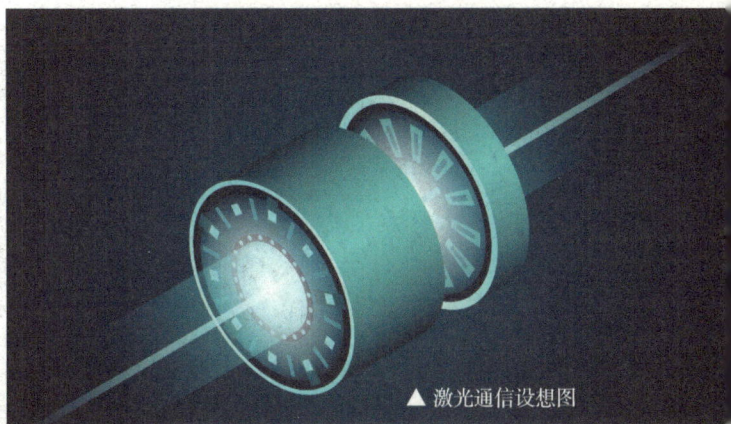

▲ 激光通信设想图

军事领域

人们当然也不会放弃激光在军事领域的应用。作为新型的作战武器，激光武器具有威力大、攻速快、可精确打击等优点。激光武器可以追踪到常规武器无法跟踪到的高空卫星。

激光加工技术

　　激光目前在工业领域的应用最为广泛。人们为了弥补传统加工技术的不足，满足各类加工需求，研发出了多种激光加工技术。这样的技术在国内就有不下 20 种，很大程度上代替了原有的加工技术。

传统加工技术

▼激光烧结可以使物体快速成型，通常被大量运用于制造业中

　　传统加工技术主要依靠人工操作，或是借助一些简单的机械来辅助完成加工。但这种加工方法对加工精度的要求比较低，且主要依靠人力，不适合产量大、要求高的现代化工业。

激光加工系统之激光冲床

　　单项的激光加工技术已经显示了它的厉害之处，将激光加工技术与其他加工技术结合在一起组成激光加工系统，那就是强强联合了。现在国外有一种激光冲床，它是将激光切割与模具冲压两种加工技术组合在一起的激光加工系统，可完成切割复杂外形、打孔、打标、划线等多种加工。

加工技术的变革

　　单靠传统加工技术，无法实现经济飞速发展，所以我们需要技术变革。激光加工技术的加入，提高了加工速度，优化了加工精度，节约了大量劳动力，整体拉动了工业产业的发展。

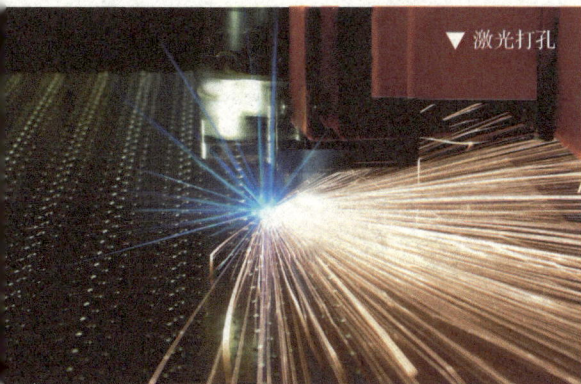

▼ 激光打孔

激光加工技术的应用范围

凡是涉及加工工艺的流程,几乎都能用上激光加工技术,比如很常见的焊接、切割、打孔等,都能用激光加工技术完成。

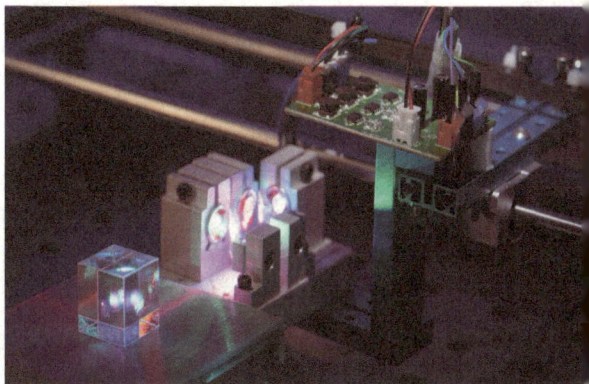

▲ 光学实验室激光显影系统

未来的发展趋势

激光加工技术不会一直停留在现在的水平,人们已经在研究如何配备智能系统。到时候该系统就能在加工的同时,对产品进行实时检测,并将检测结果及时报送给工人,最大程度上降低失败率。

国内激光加工技术现状

1.各级政府部门都在积极关注、规划、立项,多方面资金正在注入。国家强调立项主体由大专院校、科研部门逐步转到以企业为主,促进企业产品的自主创新和技术升级。

2.各类制造业已经接受了激光加工技术,它可使产品增加技术含量,加快产品更新换代。

3.国内已逐步形成产业群体,各类具有特色的激光加工系统制造商已陆续出现。

4.国际知名的激光加工制造商陆续在华投资建厂,形成国际竞争国内化格局。

5.国内的主力激光器研究进入正轨,有的已经进入市场应用。

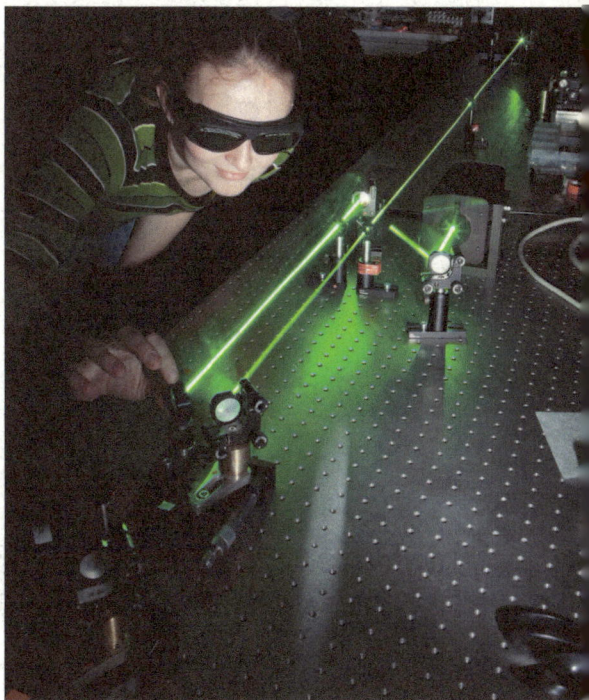

▲ 激光科学实验室在进行光学测试研究

激光打标技术

提到激光加工，首先要讲的就是激光打标，这是激光加工中相当大的应用领域。激光打标随处可见，比如很多电器上所印的名称、型号等"身份信息"，就是用激光打标标记上去的。

旧技术的缺陷

在激光打标出现之前，人们在产品上做标记的方法主要有腐蚀、机械刻画、印刷等。腐蚀易造成损伤，机械刻画比较呆板，印刷造成的污染很大，这些方法都存在极大的缺陷。

二氧化碳激光器打标

二氧化碳激光器是用于打标的最主要的激光器之一，木制品、玻璃、聚合物和多数透明材料都对这类激光器产生的激光有很好的吸收效果，特别适合在非金属表面进行标记。

▶ 激光打标是利用高能量密度的激光对工件进行局部照射，使表层材料汽化或改变其颜色的化学反应，从而留下永久性标记

▼ 印刷标

掺铵钇铝石榴石激光器打标

掺铵钇铝石榴石激光器经常被用来进行激光打标，它产生的激光能被金属和大多数塑料很好地吸收，特别适合在金属等材料上制作高清晰度的标记。

◀ 激光打标适用于金属、塑料、玻璃、陶瓷、木材、皮革等材料

新技术的优势

激光打标作为新技术，在进行加工时不会直接接触产品，因此造成的损伤很小，而且它刻画出的线条精细流畅，可加工任何复杂图案。最重要的是，它清洁无污染，是一种非常理想的加工技术。

产品防伪

用激光打标刻画出来的文字或图案，线条可以精细到毫米甚至微米级别，别人想把它一模一样地仿造出来是非常困难的，这对产品防伪起到了极其重要的作用。

▼ 激光打标的标记耐磨，工艺易实现自动化，且被标记部件不容易变形

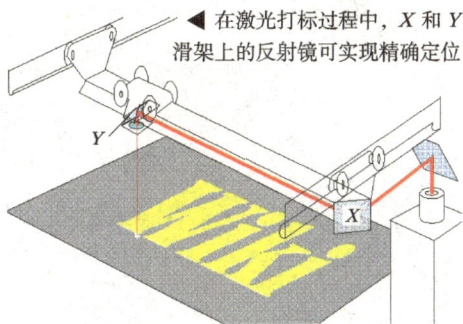

◀ 在激光打标过程中，X 和 Y 滑架上的反射镜可实现精确定位

标签王者

激光打标不只能防伪，还不受材料的限制，无论是金属还是非金属，无论材料是卷曲的还是凹凸不平的，它都能把标签稳稳地打印上去。

▲ 激光打标机

激光焊接技术

我们想把两张纸粘起来很容易，一根胶棒就可以做到。但是想要把两块金属连接起来，该怎么做呢？好像没有合适的胶水啊。别急，激光加工技术里面就有一项专门的技术是解决这个难题的。

金属怎样焊接

把两块金属连接起来，需要用到金属焊接技术。将两块金属的接口高温加热至熔化状态，再将两个接口对接，等待其冷却后，两块金属就焊接在一起了。

◀ 熔焊是指将工件接口加热至熔化状态，在不加压力的情况下完成焊接的方法

早期的金属焊接

直到 19 世纪末，人们还只会一种焊接方法，那就是延续了数百年的金属锻焊。人们用锤子等工具奋力敲打两块烧热的金属，直到两块金属连接在一起。

▲ 金属锻焊

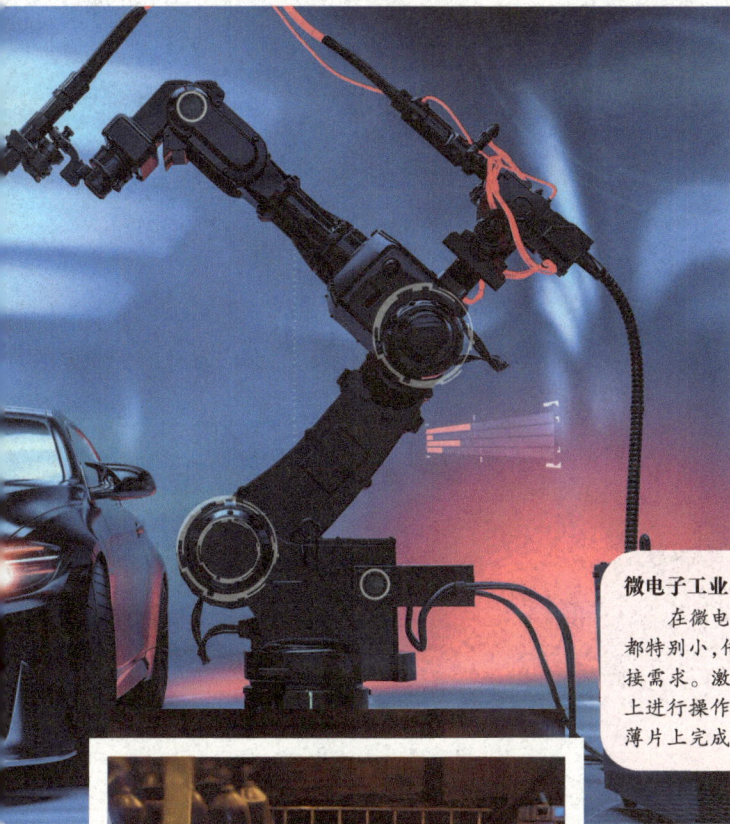

◀ 激光焊接生产线已大规模出现在汽车制造业中

微电子工业中的激光焊接

在微电子工业中，集成电路和半导体器件都特别小，传统的焊接方法很难满足这样的焊接需求。激光的特性使它可以在很小的工件上进行操作，哪怕是在厚度为 0.05~0.1 毫米的薄片上完成焊接也完全没有问题。

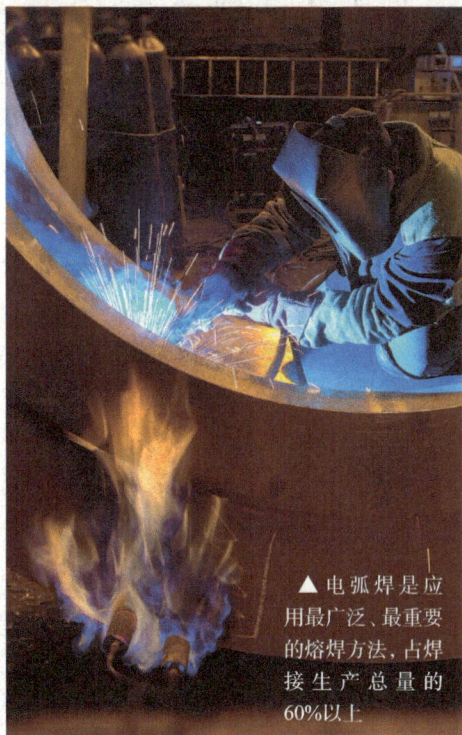

现代焊接技术

19世纪末20世纪初，现代焊接技术出现了，电弧焊、电阻焊等技术开始风靡全球。但这些焊接技术危险系数很大，焊接人员如果不戴面罩，四射的火花不仅可能烫伤皮肤，还可能灼伤眼睛。

激光焊接技术

20世纪后期，激光焊接技术被开发出来，它可以精准定位需要焊接的位置，不会出现扭曲变形的情况，还可以用计算机操控，不需要人亲自动手，极大地提升了安全系数。

▲ 电弧焊是应用最广泛、最重要的熔焊方法，占焊接生产总量的60%以上

35

激光切割技术

激光能把两块分开的金属焊接起来,那么激光能不能把整块金属切割开来呢?当然可以,而且它切割起金属来就和切菜一样简单,说"削铁如泥"一点儿都不过分。

传统切割技术难点

传统的切割技术,比如火焰切割,是利用天然气等气体燃烧产生瞬间高温来熔断金属的。这样的方法很适合用来切割厚金属,但它切割速度慢,切口也不平整,很多精细化加工项目都做不了。

▼ 火焰分离材料的热切割

更先进的切割技术

激光切割技术投入应用后,别的方法解决不了的特种材料、异形材料的切割,它都可以解决,而且速度快、切面光滑,还能保证不划伤工件,因而一跃成为当下最受欢迎的切割技术。

▼ 激光切割切口细窄,切缝两边平行并且与表面垂直,切割零件的尺寸精度可达±0.05 毫米

激光切割分类

汽化切割：在激光束的加热下，材料表面温度迅速上升，部分材料汽化成蒸气消失，或被辅助气体吹走，这样的方式称为汽化切割。

熔化切割：激光束带来的高温会使一部分材料直接熔化，熔化材料持续从切缝内被气体吹走，这样的方式称为熔化切割。

氧化熔化切割：材料在熔化的同时与空气中的氧气发生反应产生另一热源，再延续熔化切割的方式，称为氧化熔化切割。

控制断裂切割：对容易受热而被破坏的脆性材料，用激光束加热进行高速、可控的切断，称为控制断裂切割。

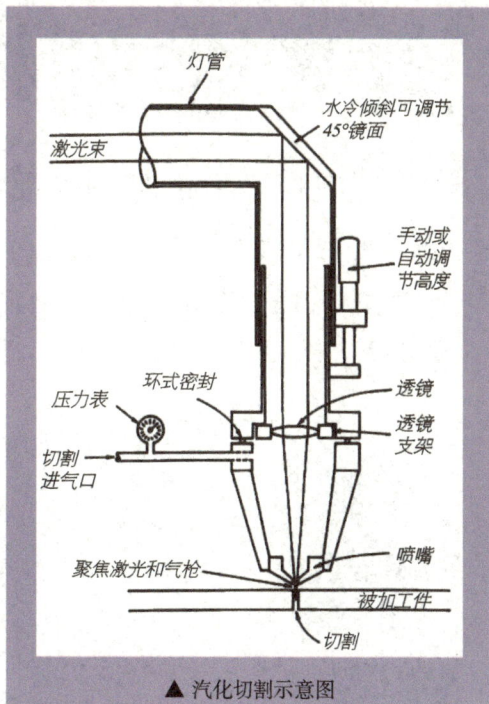

▲ 激光切割

▲ 汽化切割示意图

三维激光切割

三维激光切割是激光切割技术的发展方向。我们目前所看见的切割都是在平面上工作的，而三维激光切割可以对立体的加工对象进行任意角度的加工，且全程自动化操作，无需人工辅助。

▼ 三维激光切割的南瓜灯

激光切割的工业应用

激光切割在工业中通常被用来切割金属、塑料、橡胶、木材、纸制品、皮革、天然织物及其他有机材料，几乎你能想到的物品，激光切割都可以进行操作。

▼ 激光切割清洁、安全、无污染，切割速度快

三维激光切割机

三维激光切割机通常与机器人技术联动，利用机器人的灵活敏捷，设置好参数后便可以自动加工各种型号和材料的工件。

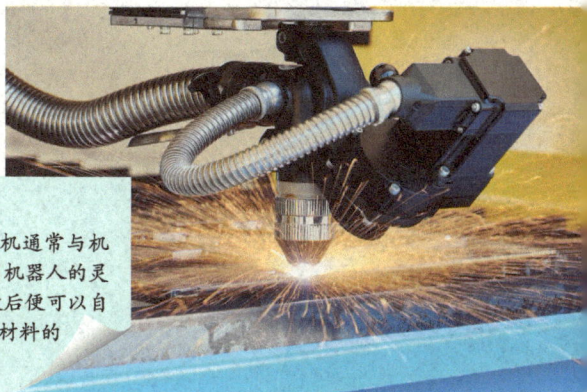

激光雕刻技术

现在市面上的雕刻作品很多，木雕、石雕、花鸟鱼虫、文玩核桃等，让人目不暇接。你可能知道它们大部分不是手工雕刻，而是出自机器，但你知道激光才是创作这些工艺品的主要工具吗？

雕刻

雕刻，顾名思义，就是在木、石等物体上，用刀、凿子等工具雕刻出一定的形状。雕刻技艺在我国由来已久，无数的玉雕作品至今陈列在各个博物馆中，精美绝伦，供人研究欣赏。

▲ 明代雕刻艺术品（玉鱼龙花草纹带饰）

▲ 木雕工艺品

艺术品和工艺品

经过匠人精心设计、雕琢出来的艺术品，通常费时费工且价格昂贵，不是普通人能消费得起的。但机器雕刻的工艺品，成批量生产，产量高，质量好，价格还便宜，深受大家的喜爱。

机雕大师

　　激光雕刻算得上是机器雕刻中的大师了，再复杂的图形它也能精细地原样复刻，且雕刻出来的文字或图形表面光滑，没有刻痕。自从有了激光雕刻，工厂的效率普遍提升了好几倍！

▶ 激光水晶内雕

应用领域

　　激光雕刻除了用于雕刻各类工艺品，还被广泛用于模型制作领域，比如我们在售楼部大厅里看到的惟妙惟肖的小区模型，就是激光雕刻制作出来的。

▼ 激光雕刻制作的住宅模型

▼ 激光雕刻皮带

激光雕刻应用实例

　　木版画：以各种木料板材为基础材料，以国内外名家的画稿为题材，以精致细腻的雕刻为表现形式，作品通常朴实而高雅，是现代家居装饰的最佳选择。

　　亚克力模型：亚克力是一种有机玻璃，也是仅次于木头的最常用的雕刻材料。一般情况下，亚克力采用背雕方式，也就是说从前面雕刻，后面观看，这使得成品更具立体感。在模型领域，商家常常用亚克力来雕刻房屋模型的窗户、楼体等，看起来直观又美丽。

激光打孔技术

盘点最早实现实用化的激光加工技术，激光打孔必然占有一席之地。你可能觉得打孔有什么难的，不就是在物体上打个洞吗？但你知道在金属上打一个针尖那么大的洞有多不容易吗？

硬对硬打孔

在激光出现之前，人们最常用的打孔方式，就是硬对硬打孔。人们用一个硬度更高的物体在硬度较小的物体上面用力撞击，硬度较小的物体承受不住这种撞击，就会被打出一个洞来。

▲ 金属穿孔

传统打孔方式局限性大

传统的打孔方式局限性太大了，不仅孔的大小不好控制，还有最显著的问题：硬度最高的物质该用什么来给它打孔呢？它是不是就打不成孔了？

打孔救星

我们知道激光的能量是非常高的，如果用它来打孔，再硬的物质应该都能被打穿。果然，无论是硬物、软物或者脆弱的物体，激光都可以游刃有余地在上面打孔。

激光打孔的优点

1. 速度快、效率高，经济效益也好；
2. 可获得大的深径比；
3. 可在硬、脆、软等各类材料上进行；
4. 无工具损耗；
5. 适用于数量多、密度高的群孔加工；
6. 可在难加工材料倾斜面上加工小孔；
7. 对工件装夹要求简单，易实现生产线上的联机和自动化；
8. 易对复杂形状零件打孔，也可在真空中打孔。

▲ 由于激光具有高能量、高聚焦等特性，因此激光打孔技术被广泛应用于众多工业加工工艺中，这使得各类硬度大、熔点高的材料加工变得越来越容易

激光雕花

市面上有些物件的边缘有镂空花纹，看起来十分精致。制作这些镂空花纹就用到了激光打孔技术。

▲ 激光雕花

超快激光打孔

现在的激光打孔器已经不是单独的一个机器了，而是一套机器系统。这个系统里有高效率激光器、高精度加工机床，还有计算机控制系统，它们的组合使得激光打孔的效率比传统的打孔效率提高了10~1000倍。

技术成果

我国某开拓创新型企业已熟练掌握了激光打孔设备核心技术，在该技术的支持下，我们可以将产品的加工孔径精确到0.01毫米左右，肉眼几乎看不出来。

激光快速成型技术

激光加工技术中还有一项激光快速成型技术，它非常与众不同，是集激光技术与设计、计算机、新材料等先进技术于一体的全新制造技术，有着"无中生有"的神奇魔力。

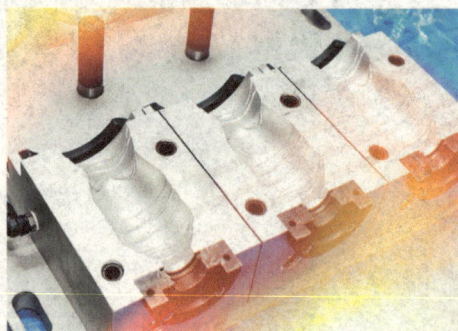

▲ 成型模具

做减法

以前的成型技术，通常是将熔化的塑料倒入合适的模具中，等待冷却定型，塑料脱模后再将多余的边角去掉。这样的方法工序繁多，且模型一旦定型就不能再做修改，很不便利。

▼ 3D 打印技术在珠宝、食品、工业、建筑、医疗和艺术等领域都有所应用

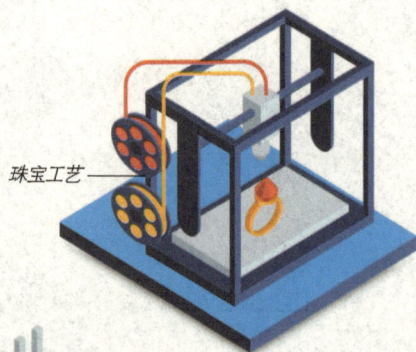

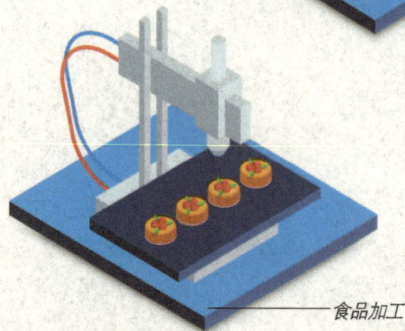

做加法

现在的激光快速成型技术，不是做好之后再"修剪"，而是将整个模型拆分成无数个细小的薄片。在计算机的严格控制下，这些细小的薄片不断叠加，最后组合成一个完美的模型。

珠宝工艺

食品加工

▲ 激光快速成型采用的是一种全新的成型原理——分层加工、叠加成型

无模成型

激光快速成型技术与传统成型技术最根本的区别在于它不需要用到模具，只需要结合计算机技术，就可以控制塑形物体的大小和形状，实现无模成型。

3D 打印

3D 打印是激光快速成型技术最形象的称呼，你可以把它想象成一台装着光敏树脂等打印材料的"立体打印机"，只要按下打印键，就可以"凭空"打印出你想要的物品。

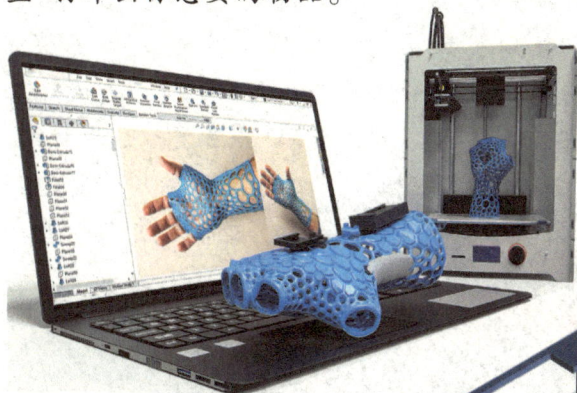

▲ 3D 打印机

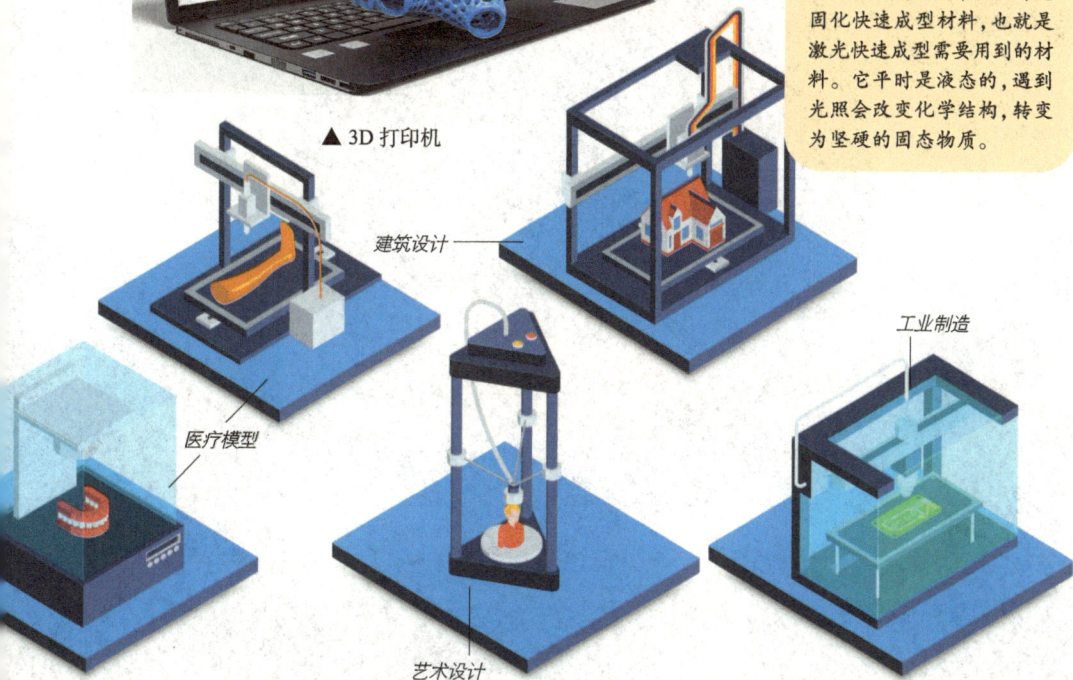

建筑设计

医疗模型

艺术设计

工业制造

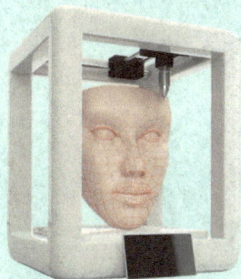

激光热处理技术

　　许多工具都得经过二次加工，才能进入市场流通使用。比如厨房的刀具，刀口处经过二次加工后，硬度和耐磨性都会得到优化。激光热处理技术就是专门进行二次加工的加工技术。

淬火处理

　　通俗来说，淬火处理就是一种工件热处理的方法。将工件加热到某一高温，再用淬冷介质使其急速冷却，以提高工件的硬度。早在几百年前人们就已经掌握了这种技术，那时主要用这种技术来提高农具的耐用度。

▶ 金属热处理是机械制造中的重要工艺

淬火技术的不稳定性

　　普通的淬火技术稳定性不高，容易出现过热、欠热现象，导致被加热的金属产生裂纹，更严重的还会造成整体变形。一旦发生这种状况，这个工件就用不成了，只能作废重新加工。

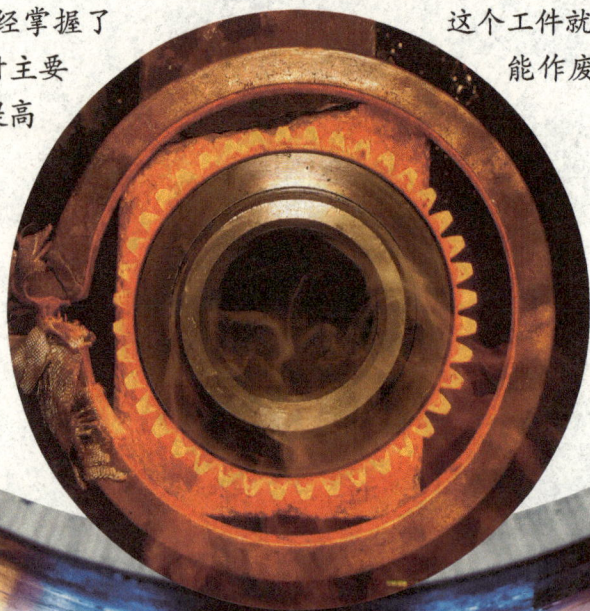

▼ 激光热处理技术可以高速加热,也可以高速冷却

激光热处理技术应用

　　激光热处理技术通常被应用于汽车、冶金、重型机械、农业机械等存在严重磨损的机器生产或航天、航空这类对零部件性能要求较高的行业中。

更好的热处理技术

　　激光热处理技术不仅比普通的淬火技术稳定,而且加热温度远比普通淬火技术高。一般通过激光热处理的金属,其硬度要比经过常规淬火技术处理的金属高出 15%~20%。

预处理

　　金属表面经过机械加工之后,通常都会比较光滑,不太适合直接进行激光热处理。所以,对物体进行热处理之前,都要先进行预处理。预处理一般是指对金属表面进行除油、除锈、清洗、干燥等操作,提高表面粗糙度并预置吸光涂层,以提高对激光的吸收率,达到更好的处理效果。

活跃在汽车行业的激光热处理技术

　　汽车每天都在路上行驶,各类零部件的磨损是比较严重的。一般的私家车,行驶里程达到 30 万千米左右,它的发动机就接近报废了。但一台经由激光热处理技术强化过的汽车发动机,其发动机大修里程通常能延长 15 万千米以上。

▶ 汽车发动机

激光通信技术

激光在工业领域的应用非常多，但它肯定不只在工业领域发挥作用。其实，激光在信息领域同样有着举足轻重的地位。比如，我们现在能够快速又清晰地接收到各类信息，就要归功于激光通信技术。

新的"通信兵"

光的传播速度很快，用光传递信息想必很厉害！所以，激光问世不久，科学家就开始研究它是否能应用于新的通信技术。

第一条光纤通信线路

1975年，世界上第一条光纤通信实验应用线路在美国芝加哥开通。从此，全世界掀起了研究光纤通信技术的热潮。

激光通信系统组成设备

激光通信系统组成设备包括发送和接收两个部分。

发送部分：主要有激光器、光调制器和光学发射天线。

接收部分：主要包括光学接收天线、光学滤波器和光探测器。

▼ 光纤通信是利用光导纤维传输信号，以实现信息传递的一种通信方式。实际应用中的光纤通信系统使用的不是单根的光纤，而是许多光纤聚集在一起组成的光缆

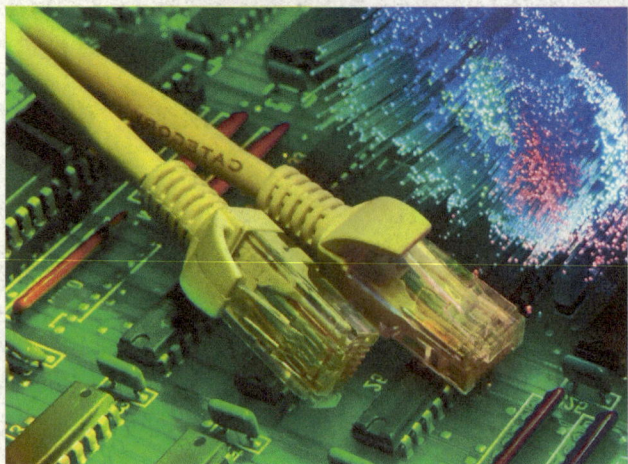

光纤通信

事实证明，激光通信的研究方向是正确的，比如当下的激光光纤通信不仅通信容量大、抗干扰能力强、传输距离远，而且具备一定的防窃听功能，已经成为现代通信的主要技术之一。

长途新干线

　　过去我们拨打和接听长途电话,主要依靠电缆、微波和卫星通信。现在,激光通信正在逐步取代电缆,涉足公共电信网、有线电视网、局域网,成为新信息时代通信的"主力军"。

▼ 光导纤维

▲ 通信用室外光缆

你想象不到的超大容量
据统计,一对金属电话线最多只能同时传送一千多路电话。但根据理论计算,一对光导纤维几乎可以同时传送上百亿路电话。

外太空通信

　　激光通信的能力实在是太强大了,以至于它已经跨出地球,发展到外太空了。虽然目前只是在卫星间互相通信,但实验表明,从太空到地球的"互通有无"不是空想,是有可能实现的。

激光测量技术

激光在通信上的应用,让我们知道激光可以长距离传输信息。但你可能不知道的是,它还可以精确地测量出一段距离的准确长度。只需要一束很细的激光,我们就可以对任意物体间的距离了如指掌。

传统测量技术

早期测量,人们用到的工具主要是皮尺或钢卷尺。这样的测量有很大的缺陷:一是误差大,工具量歪了、斜了都可能造成误差;二是工具长度有限,无法进行长距离测量。

常见激光测距仪类型

手持激光测距仪:测量距离一般在200米以内,测量误差不会超过2毫米。你若看见有人在室外拿着一个三角架仪器对着房屋量来量去的,那就是它了。

望远镜式激光测距仪:测量距离一般在几百米到几千米之间,适用于野外长距离测量,不过误差比短距离测量要大,通常在1米左右。

工业激光测距仪:测量距离在几米到几千米之间,长、短距离测量都适用,且误差极小,通常不会超过几十毫米,水位测量、飞机测量都能用上它。

激光精确测量

激光测量不存在上述两方面的缺陷。光是沿直线传播的,所以激光测量不会出现量歪、量斜的情况。激光甚至可以测量地球到月球的距离,那么,测量地表到地心、地面上的距离就不成问题了。

▲ 望远镜式激光测距仪

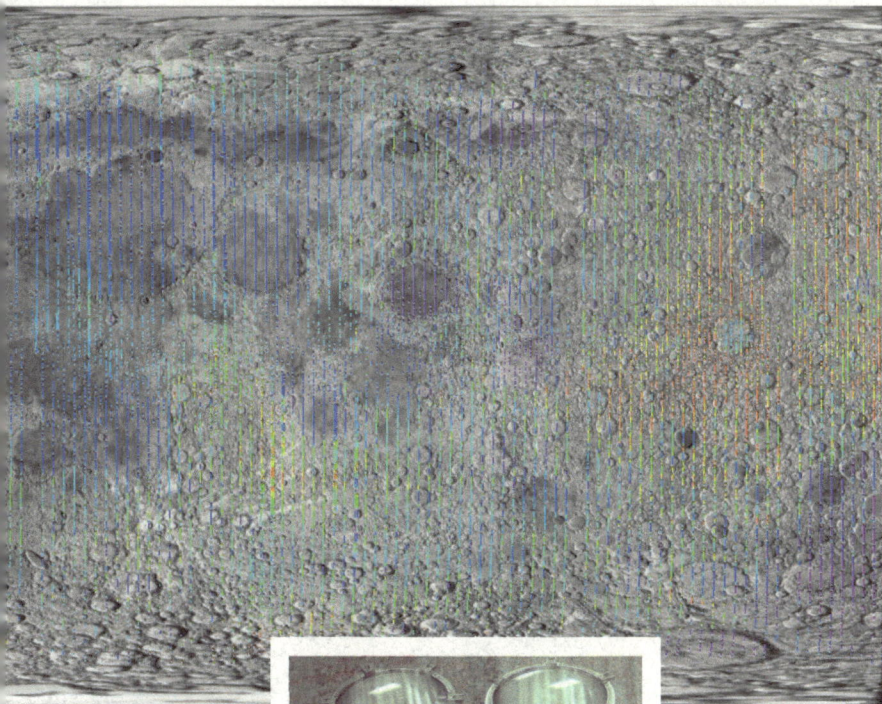

◀ 机载激光雷达测深技术（高分辨率多波束激光雷达地图，显示出月球上壮观的断层和变形的月海地质）

◀ "信使号"水星探测器上的激光高度计

▼ 苏-27战斗机上配备的激光测距仪

激光水下测量

激光不仅可以在陆地上进行测量，还可以深入海洋，测量海水的深度。这还不算厉害，最厉害的是它连海底暗礁、险滩和冰山的位置，都能清清楚楚地定位到！

激光空中测量

现在的激光测量技术已经可以穿透云层，对空中飞行的飞机、导弹以及人造卫星的高度进行测量，是不是超级厉害呢！

激光扫描技术

激光技术的应用是十分多样化的，且越来越贴近我们的日常生活。近年来，随着计算机技术的不断进步，激光技术也有了更广阔的应用空间，激光扫描技术就是在这样的环境下发展起来的。

光学扫描系统

激光扫描的第一步需要借助光学扫描系统，使激光束反射到条码上，形成一个个激光点。这些激光点组成了扫描线条或扫描图案，方便后续推进扫描工作。

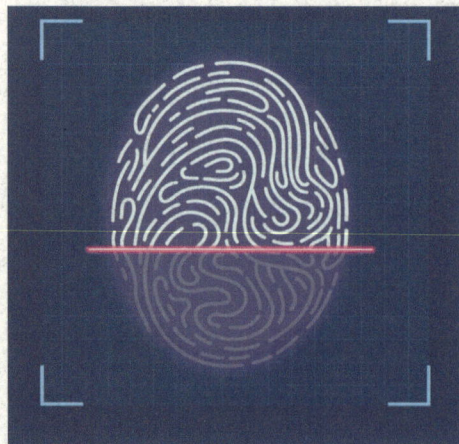

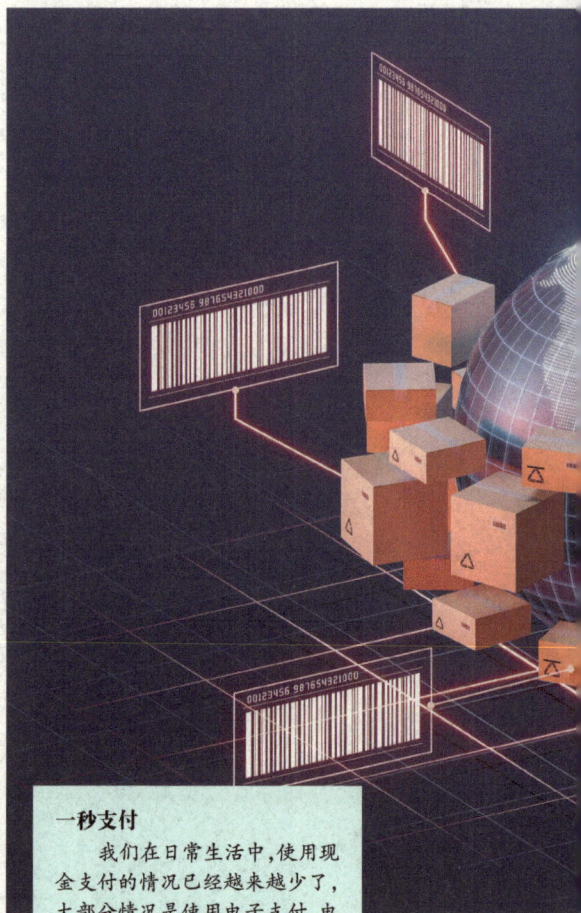

一秒支付

我们在日常生活中，使用现金支付的情况已经越来越少了，大部分情况是使用电子支付。电子支付用时很短，几乎在一秒内即可完成，这得益于激光扫描技术的应用。

◀ 激光扫描

光学接收系统

激光束在形成扫描线条或扫描图案的同时，射到条码符号上的激光被散射出去，足够多的散射光波被光学接收系统接收后储存起来，等待下一步指示。

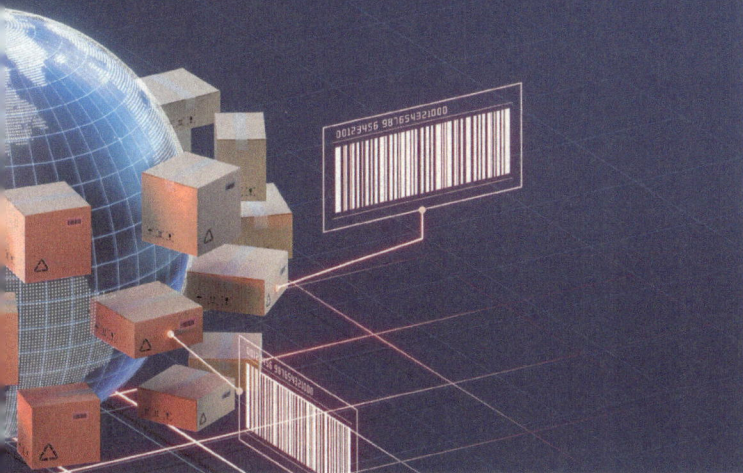

▼ 激光扫描可以进行高速的光学采集，对高速移动的条码有较好的读码效果；由于穿透性强，激光也可以对较远的条码进行扫描

条形码

条形码是一组按一定编码规则排列的条、空符号，用以表示一定的字符、数字及符号组成的信息。我们现在常用的二维码就是一种新型条码技术。

发现二维码　　　　扫描读取二维码　　　　获取信息　　　　转换信息

▲ 激光扫描过程示意图

光信号放大

接收系统接收到的光信号不能直接使用，需要经光电转换器转换成电信号，电信号再经过放大器放大整理，成为方便转译输出的电码。

译码

电码通过译码单元进行解析，转化为我们易于理解的普通文字或图像语言。这样，整个激光扫描才算彻底完成。尽管看起来步骤较多，但实际上只需几秒钟就能完成。

激光打印技术

扫描仪器扫描出来的信息可以通过网络渠道传输，也可以打印到纸上。在我国，印刷技术已有千余年历史，相比之下，现在的激光打印技术又有什么特别之处呢？

电子成像

电子成像一般是利用光电系统获取影像信息，再通过中间载体将影像信息转移到承印物上。所有的打印技术都离不开电子成像技术。

▲ 电子成像设备

激光打印

激光打印的核心依然是电子成像技术，激光在将影像信息"投影"到打印纸上的过程中会发生电子放电现象，由于静电作用，电子会像磁铁般将墨粉吸到纸张上，这样就能打印出相应的文字、图案了。

感光鼓旋转

充电电晕线

旋转镜

熔化炉装置

打印输出

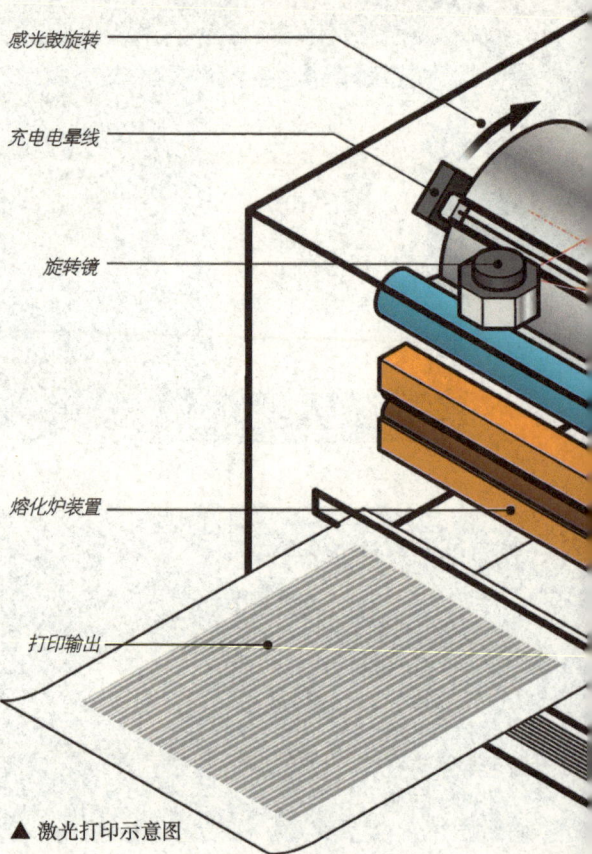

▲ 激光打印示意图

52

强大的处理功能

作为新一代信息输出设备,采用激光打印技术的打印机速度快、噪音低,且分辨率高,可以灵活地进行图表、文字处理,更加符合当下人们的需求。

▲ 激光打印机在白纸上打印的直径为0.1毫米的小黄点(作为防伪标志)

当代激光打印机

当代激光打印机小巧便捷,各类品牌应有尽有。人们可以根据自己的需求选择黑白打印机或彩色打印机。

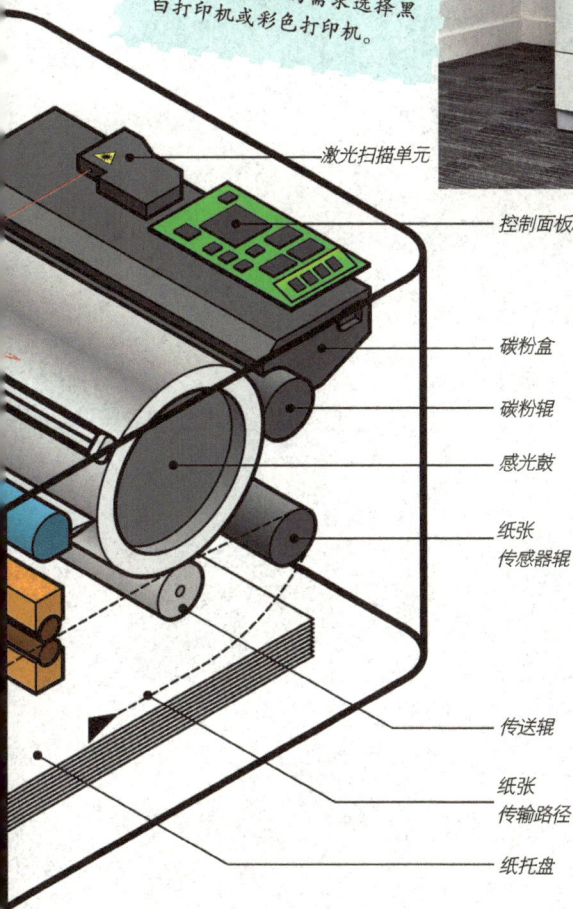

▲ 多功能打印复印扫描一体机

激光扫描单元

控制面板/处理器

碳粉盒

碳粉辊

感光鼓

纸张传感器辊

传送辊

纸张传输路径

纸托盘

走向普及

早期的激光打印机体积庞大、噪声扰人,而且价格昂贵,很少有人会选择使用它。但随着技术的不断改进,激光打印正式走向普及,我们现在最常用的打印机就是激光打印机。

▲ 小型激光打印机

激光投影技术

　　信息输出的方式有很多种，激光打印只是其中之一，还有另一种激光投影技术，也是现在人们常用的信息输出方式。比如，我们在电影院看到的那些高清电影，就使用了这种技术。

三原色

　　三原色是色彩中最基本的三种颜色，其他色彩都是用这三种颜色来调配的。激光投影技术用到的三原色就是红、绿、蓝三种光学原色，它们互相组合搭配，形成了各种鲜艳的色彩。

▲ 色光三原色

投影技术

　　激光投影使用红、绿、蓝单色激光器为光源，利用多种方法将这三种基色射向荧光屏，混合成全彩色，再通过适当的光学系统投向银幕。我们看到的色彩逼真的画面就是这么来的。

技术优势

　　激光投影的优势显而易见，它显示的色域覆盖率可以达到人眼所能识别色彩空间的 90% 以上，做到了人类有史以来最完美的色彩还原，使人们通过显示终端看到最真实绚丽的世界。

▲ 激光全色显示产品色域空间大，色彩丰富，颜色饱和度高

▼ 激光投影力求再现客观世界丰富、艳丽的色彩，向人们展示真实的彩色世界

发展前景

　　经过无数次技术积累，我国在激光全色显示技术领域已经拥有了完整的自主知识产权链，并成功申请了 100 多项国际专利，为此还成立了专门的激光显示产业基地，发展形势一片良好。

从黑白到彩色

　　人类从外部世界获取的信息，80% 左右来自视觉。19世纪末，显示技术还停留在黑白领域，那时候人们观看的影片都是黑白的。20 世纪中期，随着彩色电视问世，显示技术才算完成了从黑白时代向彩色时代的跨越。

激光数码影院

　　激光数码影院在市面上已有出现，但还未普及，是未来电影的整体发展方向。人们在这类电影院里观看电影，视觉体验可以得到极大提升。

激光全息技术

如果你觉得激光投影技术还不够神奇，那就来看看激光全息技术吧，这可是激光投影技术的超级升级版。它可以将人的三维图像投放出来，360度全方位展示，看起来就跟真人一样。

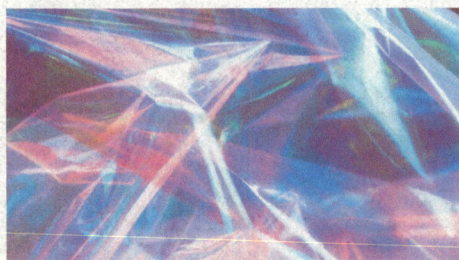

▲ 彩虹全息技术

全息技术

全息技术是利用光的干涉和衍射原理，将物体发射的特定光波以拍摄的形式记录下来，并在一定条件下使其再现，形成逼真的原物体图三维像，通常被称为全息照相技术。

激光全息投影

使用了全息技术的激光投影，会用到一种接近透明的特殊幕布，后台的技术人员巧妙地控制投影出来的光源和图形，当观众在固定位置观看时，就可以产生以假乱真的观看效果。

▲ 激光全息投影技术

激光全息电视

我们在不少科幻电影中见过，电影里的人手一挥，眼前就出现了一个悬浮在空中的显示屏或某些3D画面，这就是未来的激光全息电视能达到的效果，目前正在逐步实现。

▲ 激光全息电视概念图

360度幻影成像

比激光全息电视还要科幻的是360度幻影成像，这是一种将三维画面悬浮在实景半空中的成像技术，不仅可以营造亦幻亦真的氛围，还可以结合触摸屏实现与观众的互动，增加真实感。

◀ 360度幻影成像概念图

57

激光手术

　　激光不仅用于工业、信息领域,在医学领域的应用也很多。你知道医生能用激光做手术吗? 你知道激光还能美容养颜吗? 激光的本领可真不小!

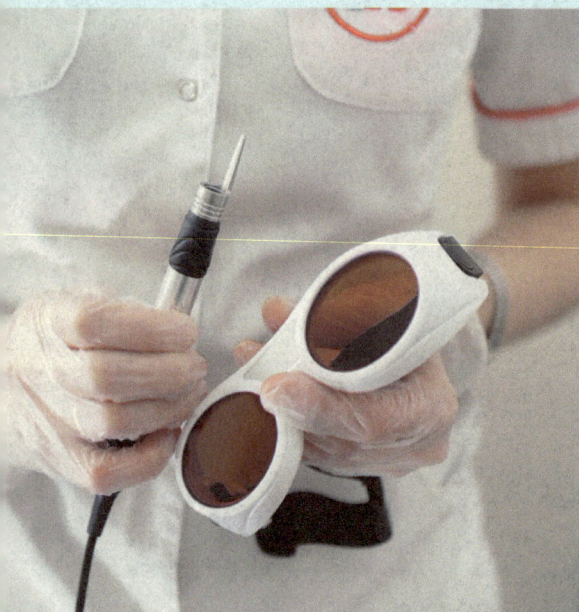

▲ 激光血管切除器

▲ 激光眼科手术

激光眼科手术用时短
一场普通的治疗眼睛的激光手术,从进入手术室做准备开始,到手术完全结束,只需要不到半个小时的时间。可想而知,真正手术的时间就更少了。

激光手术刀

　　激光手术刀利用激光与人体组织相互作用时所产生的热量,将组织汽化、凝固、烧灼或切开,同时激光的能量还能把组织中的血管烧结起来,起到止血的作用,比一般的手术刀功能多多了。

激光手术在眼科的应用

　　人们最早在医学上利用激光进行的手术,主要是治疗眼科疾病。一直到现在,激光眼科手术依然在激光医学中占领先地位,比如近视矫正手术中,医生所使用的"刀"就是激光。

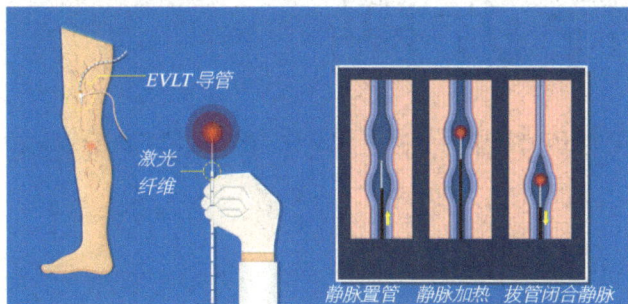
▼ 激光治疗静脉曲张
EVLT 导管
激光纤维
静脉置管　静脉加热　拔管闭合静脉

二氧化碳激光手术刀

二氧化碳激光手术刀多用于外科手术,它发射的激光波长很特殊,几乎全部能被人体组织中的水所吸收。当激光被人体组织吸收后,光能在人体内转换为热能,使患病的组织被脱水、汽化、凝固,在几乎不出血的情况下,让医生完成手术。

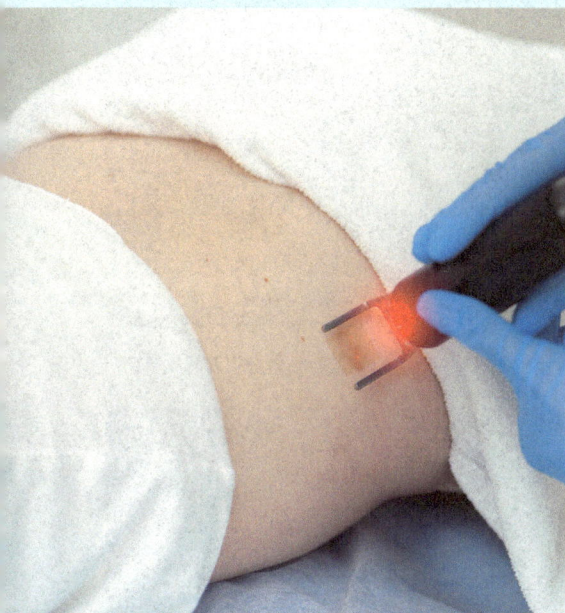
▲ 激光皮肤科手术

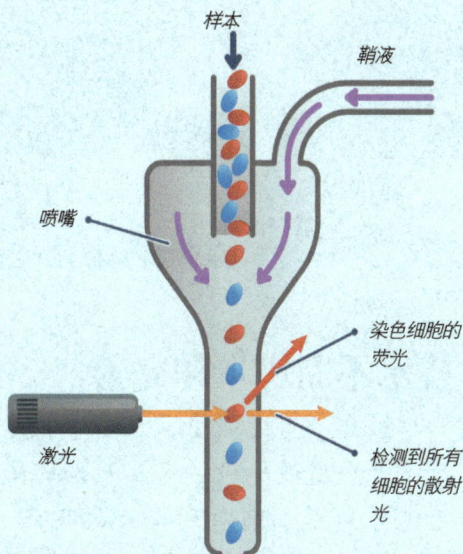
样本
鞘液
喷嘴
激光
染色细胞的荧光
检测到所有细胞的散射光
▲ 用激光来协助分析肿瘤细胞的DNA、RNA含量

激光手术在皮肤科的应用

激光不仅在眼科疾病治疗中大有用处,在皮肤科的应用也不容小觑。当代女性常常有美白、紧致皮肤或祛斑的需求,这时候激光美容就派上大用场了,美容效果不错,而且技术相对安全。

光动力治疗

激光还可用于肿瘤的治疗。现在有一种治疗肿瘤的新方法——光动力治疗法,可以利用激光杀死病人体内的部分肿瘤细胞,且副作用较小,对减轻病人的痛苦有一定帮助。

激光治疗近视

激光在治疗近视方面效果显著。近年来，眼睛近视的人越来越多,激光矫正视力可以说给了眼睛"第二次生命"，让我们有机会继续清楚地裸眼看世界。

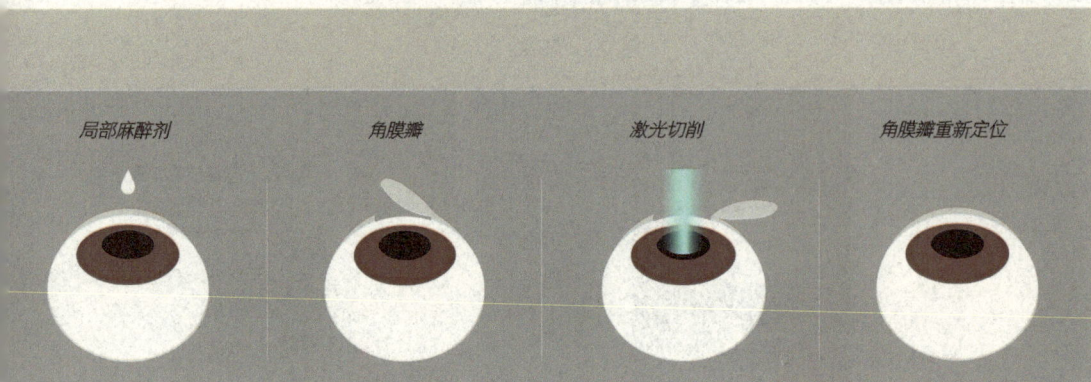

局部麻醉剂　　　　　角膜瓣　　　　　激光切削　　　　　角膜瓣重新定位

▲ 激光传输治疗近视示意图

技术不断进步和完善

激光治疗近视手术至今一共经历了六个发展阶段，从最开始的激光光学角膜切削术到今天的飞秒、全飞秒激光手术，技术一代比一代先进。

▶ 激光眼科手术

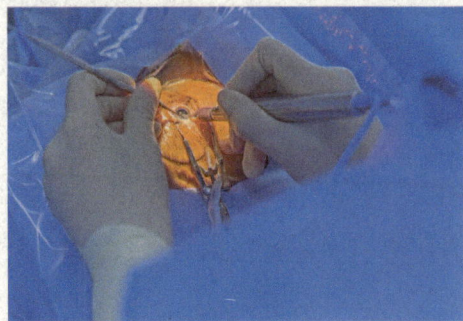

激光治疗近视手术答疑
问：这种手术对患者有没有年龄限制？
答：有，并非所有年龄段的患者都适宜接受激光治疗近视手术，患者年龄最好在18~55岁之间。
问：激光治疗近视手术能矫正任何度数的近视吗？
答：不能，一般超过1200度的患者不宜接受此项手术。

全飞秒激光手术

全飞秒激光手术是目前国际上最先进的角膜屈光手术之一，它最大的特点在于不需要制作角膜瓣。在这之前的五个发展阶段中，激光治疗近视手术都无法跳过制作角膜瓣这一过程。

光传输原理

目前,激光治疗近视手术主要采用光传输和光爆破原理。光传输是利用激光的精确定向性,在角膜上进行定向切削,改变角膜弯曲度,使光线能够聚焦到视网膜上,从而达到矫正视力的效果。

光爆破原理

光爆破原理则是在手术时,使激光脉冲聚焦到角膜组织中,产生光爆破,在角膜组织中形成一层微小的气泡,促使角膜组织分离,形成相应的分离面,达到矫正视力的效果。

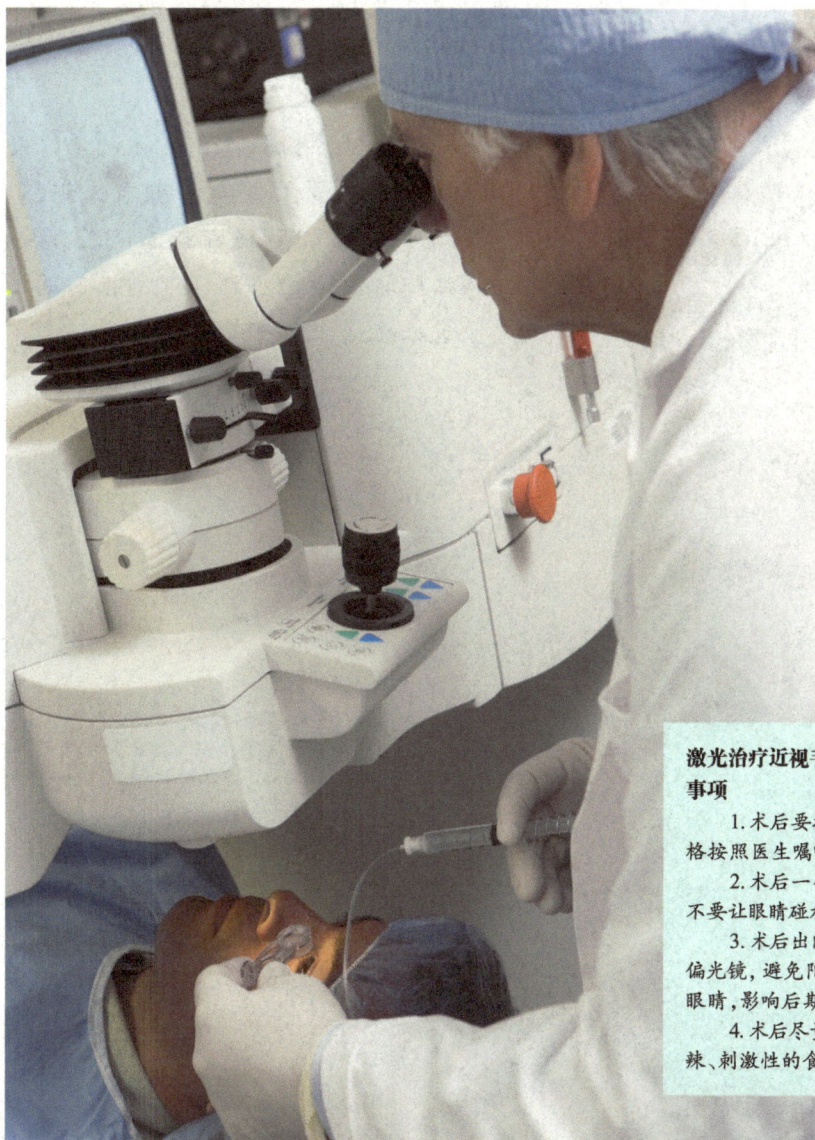

◀ 激光手术的全过程实现了真正意义上的微创化

激光治疗近视手术术后注意事项

1.术后要按期复查,严格按照医生嘱咐用药。

2.术后一个月内,尽量不要让眼睛碰水,避免感染。

3.术后出门时尽量戴上偏光镜,避免阳光直接照射眼睛,影响后期恢复。

4.术后尽量少吃辛辣、刺激性的食物。

激光美容

　　激光美容是激光在医疗领域的另一大用途。随着生活水平的提高，人们越来越在意自己的外在形象。怎样解决皮肤上的瘢痕、痘印或意外造成的容貌损伤，成了人们另一类迫切需求。

消皱祛斑

　　消皱祛斑是人们常做的美容项目之一。利用激光刺激人体组织，加速血液循环，促进新陈代谢，增强细胞再生能力，可以起到很好的消皱祛斑效果。

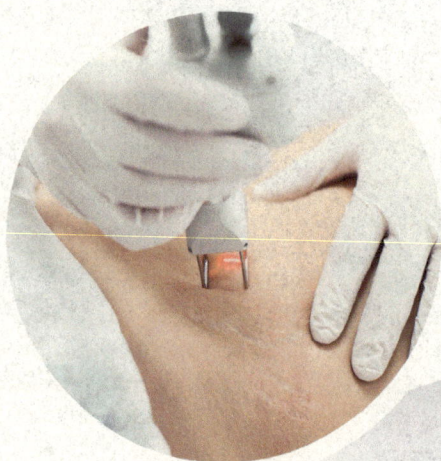

▲ 激光消皱

激光美容适应人群

　　1.有色素痣(黑痣、青痣、红痣)、鲜红斑痣和疣(寻常疣、丝状疣、传染性软疣)的人。

　　2.有美白、祛皱等美容需求，且经过检查身体情况可以接受激光美容手术的人。

　　3.患有轻、中度腋臭的人。

治疗瘢痕

激光治疗瘢痕的效果也很好，激光能使皮肤瘢痕处受损坏死的细胞组织迅速热解或分解成微小的碎片，再经人体内吞噬细胞吞噬后排出体外，达到平复瘢痕的目的。

医学美白

美白也是受人追捧的美容项目，医生使特定波长的激光束透过表皮和真皮层，以此破坏色素细胞和色素颗粒，被破坏的细胞再由人体自动处理吸收，就达到了美白的效果。

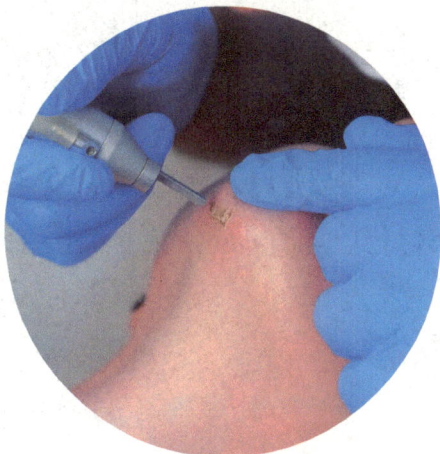

▲ 激光治疗瘢痕

治疗血管性皮肤病

激光对黑色素的击破不仅有美白的效果，还可以用来祛除各种黑色素细胞痣、皮脂腺痣。激光疗法祛痣恢复期短且不易留疤，已成为现在很多人祛痣的首选疗法。

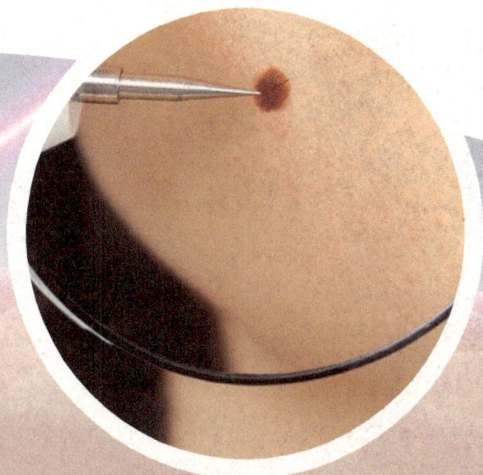

▲ 激光祛痣

激光美容禁忌人群

1.孕妇。

2.光过敏者、对光敏感者以及半个月之内用过光敏感药物的人。

3.糖尿病患者。

4.长期服用某些精神类药物者。

5.服用消炎药、降压药者。

6.两周内有日光曝晒者。

7.面部有炎症者。

生活中的激光技术

　　不要以为激光技术离我们的日常生活很遥远，其实我们身边就有激光技术的存在，或许你用过的某一个鼠标就是激光鼠标，或许老师使用投影仪播放课件就得益于激光技术。

工作中的激光

　　我们在工作中一定离不开一样东西，那就是打印机，几乎所有的公司都有打印机。打印机里就藏着激光的影子。

▲ 激光打印机

教室里的激光

　　现在很多学校都开放了多媒体教室，老师在多媒体教室上课的时候会用投影仪来播放课件，把计算机里的课件投放到大屏幕上，这也有激光的功劳。

激光教鞭笔

　　老师在课堂上播放PPT时，手里拿了一个小东西，它就是激光教鞭笔。激光教鞭笔可以使老师不用通过电脑，就能在教室的任何角落进行PPT翻页操作。

超市里的激光

我们去超市买东西结账时，收银员总要用扫描枪来扫描商品上的条形码，这里就用到了激光扫描技术。

▲ 扫描条形码

马路上的激光

人们常常利用三维激光扫描仪测量道路上的各类数据。道路上车流量大、车速快，用人工测量存在很大风险，而用三维激光扫描仪测量就安全、方便得多。

▶ 除了测量道路数据，三维激光扫描仪也成功地在文物保护、城市建筑测量、地形测绘、采矿、变形监测、管道设计、飞机船舶制造、公路铁路建设、隧道工程、桥梁改建等领域得到了应用

65

激光存储

人们每天都要接触大量的信息，如何更好、更多地存储这些信息呢？为了解决这个问题，研究者们夜以继日，研究出了一种存储方法，那就是激光存储。20世纪70年代，激光存储技术问世，这一技术发展到今天，已成为一种潜力无穷的新兴信息产业。

激光存储分类

激光存储主要分为光盘存储和全息存储两大类。在这两大类之外，还有蛋白质存储和探针存储等新型激光存储方式，不过目前这些新型激光存储方式的技术发展还不成熟。

光盘存储

激光光盘的英文缩写是CD，是一种用激光写入和读出的信息存储器。光盘存储技术与传统存储技术相比，容量更大、使用寿命更长且不受电磁场的干扰，优点十分明显。

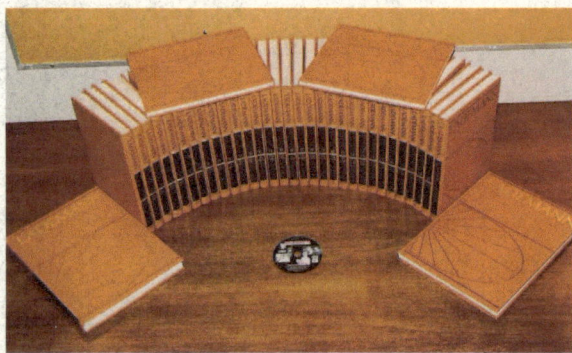

▲ 光盘能够轻易地存储一部百科全书中所有的文字、图像、音频和视频

全息存储

为了减少信息的存取时间，将光的全息技术用于存储的激光全息存储技术出现了。这种技术可以将缩微胶片上的影像转变为光信息，非常适合音频、视频资料的存储。

激光存储新技术

　　随着社会的发展，人们对激光存储技术的要求越来越高。为了做出体积更小、耗能更低的激光存储设备，科学家们在生物蛋白质范畴以及原子这样小的物质尺度上研究出了新的激光存储技术，只不过由于技术的限制，目前还无法大范围推广使用。

蓝光光盘

　　蓝光光盘是一种高画质影音的储存光盘媒体，它利用波长较短的蓝色激光读取和写入数据，并因此而得名。

▲ 蓝光光盘

激光灭蚊

　　夏日蚊虫叮咬,是让我们比较头疼的问题。一方面,这些蚊虫"嗡嗡嗡"个不停,让人心烦意乱;另一方面,它们可能通过叮咬传播疾病。于是,科学家们开始研究激光灭蚊技术,希望借助激光的诸多优良特性来解决这个问题。

▲ 蚊子吸食人血,传播疾病

研究背景

　　蚊子最主要的危害是传播疾病。据统计,通过蚊子传播的疾病多达80多种。其中仅疟疾一项,就在2019年造成了全球几十万人死亡,如果不加以预防,后果不堪设想。

研发团队

　　为了从科学角度解决蚊虫危害,美国一家公司从2008年开始研发激光灭蚊器。研发团队不仅有天体物理学家洛厄尔·伍德这样的科学家,还得到了比尔·盖茨的资金支持。

激光灭蚊亟待解决的问题

　　理论上激光灭蚊效果极佳,但也存在一些隐患。比如,激光灭蚊器的激光束强度应该设置在什么范围,才能既杀灭蚊虫,又不会对人类产生伤害?人们必须解决这类隐患,才能放心地使用它。

是不是只有雌性蚊子才会吸血？

是的。雄性蚊子以植物的花蜜和果子、茎、叶里的液汁为食，而雌性蚊子必须吸血才能繁衍后代。

▼ 激光灭蚊想象图

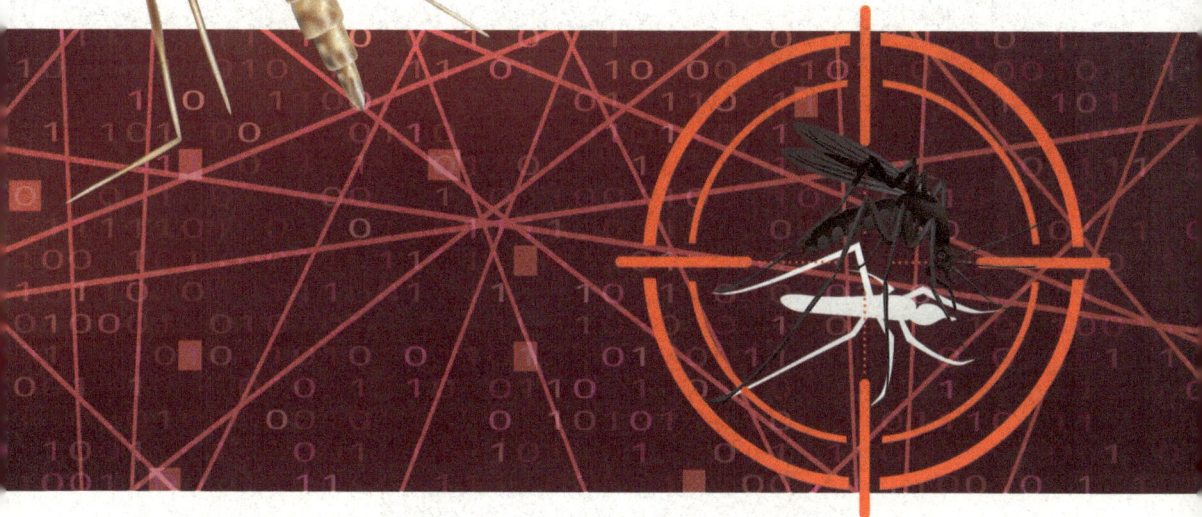

灭蚊原理

激光灭蚊利用蚊子飞舞产生的声频来定位蚊子的位置，然后发出激光束灼烧蚊子，达到灭蚊目的。现在的激光灭蚊已经能自动识别蚊子的性别，可以专门攻击会吸血的雌性蚊子。

灭蚊屏障

科学家们希望研制出来的激光灭蚊器能够构建起一座类似反导弹防御系统的灭蚊屏障，每晚或可消灭数十亿只蚊子，为人们创造一个清净、安全的生活环境。

69

激光的安全应用

如果说,杀灭蚊虫能在一定程度上体现激光维护人类安全的优势,那么,激光在一系列军事国防上的应用,则更能让人直观地感受到它在保家卫国方面的巨大作用。

▲ 激光通用警告标志

激光制导

激光制导可不是用激光制作导弹,而是让激光按照一定的规律引导导弹飞行,提升导弹的命中率。在研究激光制导的同时,我们也可以根据激光制导的原理进行反向研究,建立反导系统。

激光防御

激光的各项突出性能，用来弥补军事防御技术的不足十分合适。比如激光雷达，集激光、定位、导航等技术于一身，能够精确跟踪和识别飞机、导弹等目标，使我们的防御屏障更加坚固。

大型激光武器

军事科学家将激光用在武器研发上，创造了一系列国之重器。比如我国的神光系列激光武器，就是大型激光武器的代表，它与传统武器相比，在杀伤力、破坏力和作战方式上都有本质区别。

提升军事力量

有了激光武器的加入，我国的军事力量又迈向了一个新的台阶。不止我国，美国、俄罗斯、以色列和其他一些发达国家也都投入了巨额资金，用来研发激光武器。

◀ 激光制导导弹

"神光Ⅱ"装置

"神光Ⅱ"装置是当前我国规模最大、国际上为数不多的高性能、高功率钕玻璃激光装置。它的建成并投入运行，标志着我国大型强激光和激光核聚变研究跨上了一个新台阶，代表着我国激光光束质量及运行输出指标要求已达到当今国际高水平指标线，对提高我国综合国力具有重要意义。

"铺路便士"激光制导系统

国外一家名为马丁·玛丽埃塔的公司为A-10A、F-16等战斗飞机制造了一种叫作"铺路便士"的激光制导系统。该系统的主要用途是为战斗飞机提供一种昼夜激光目标指示功能，以提高目标命中率。

激光雷达

　　激光雷达将激光技术与现代光电探测技术完美结合在一起，实现对目标的探测、跟踪和识别功能，是目前最先进的探测方式之一。

组成结构

　　激光雷达是以发射激光束来探测目标位置、速度等特征量的雷达系统，一般由激光发射机、光学接收机、信息处理系统和转台等软硬件部分组成，已成功实现水、陆、空全方位探察。

水下激光雷达

　　美国卡曼航天公司成功研制了一款机载水下成像激光雷达，这款激光雷达最大的特点是可以将水下物体的大小、形状等特征显示出来，方便人们进行水下搜索和执行救援任务。

▲ 水下激光雷达

工作原理

激光雷达以激光作为信号源，发出后碰到目标，一部分光波会反射回来，再经由信息处理系统作适当处理，就能得到目标的距离、方位、速度甚至形状等参数。

▶ 自动驾驶汽车上的车载激光雷达

▲ 车载激光雷达测量目标距离、方位、高度、速度

激光成像雷达

激光成像雷达是集合了激光技术、雷达技术、光学扫描及控制技术、高灵敏度探测技术、高速计算机处理技术于一体的综合新技术产物，无论是测角度、测距离还是测速度，它都可以轻松做到。

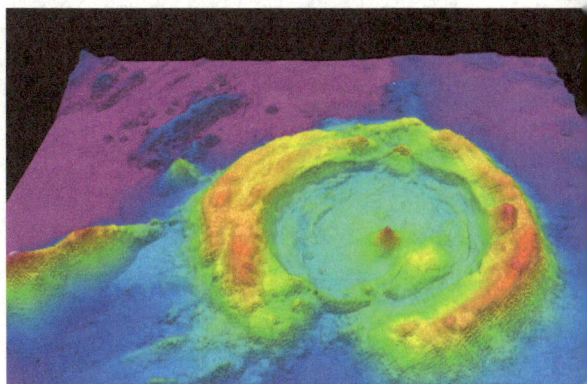

▲ 激光成像雷达图显示壮观的海底地质状况

激光气象雷达

激光气象雷达是激光雷达中主要探测大气的设备，它不受天气限制，可以日夜不停地工作，云层高低、大气中的含水量、大气能见度等都躲不过它的"眼睛"。

激光雷达监测污染

激光雷达可以激发排放到海洋的部分污染物的荧光，再通过荧光跟踪这些污染物在海洋中的分布和稀释情况，让人们进一步了解海洋污染程度。

激光武器

　　激光在军事领域最重要的应用就是激光武器。激光武器不仅对激光器的要求高，而且对与之配套的光学系统、电子系统、控制系统都要求精密灵敏，这样才能实现精确射击。

武器特点

　　大部分激光武器都具有快速、灵活、精确和抗干扰等优良性能，在光电对抗、防空和战略防御中可发挥独特作用。但由于激光武器的构造十分精密，能否投入大规模实战还有待研究。

攻击方式

　　目前已经问世的激光武器，其攻击方式大致分为三类，分别是致盲、穿孔和层裂。强亮度的激光会灼伤人眼甚至使人失明；集中的高能量则能击穿远处的目标；激光能量反射出的冲击压力波会导致目标内部层层断裂，对目标造成严重伤害。

战术激光武器

　　激光武器可分为战术激光武器和战略激光武器两种。其中，战术激光武器通常用在相距数千米以内的光电对抗和战术防空上，主要攻击对方的战机、战术导弹等作战目标。

▶ 美国战术高能激光武器，其优点是反应时间短，可拦击突然发现的低空目标

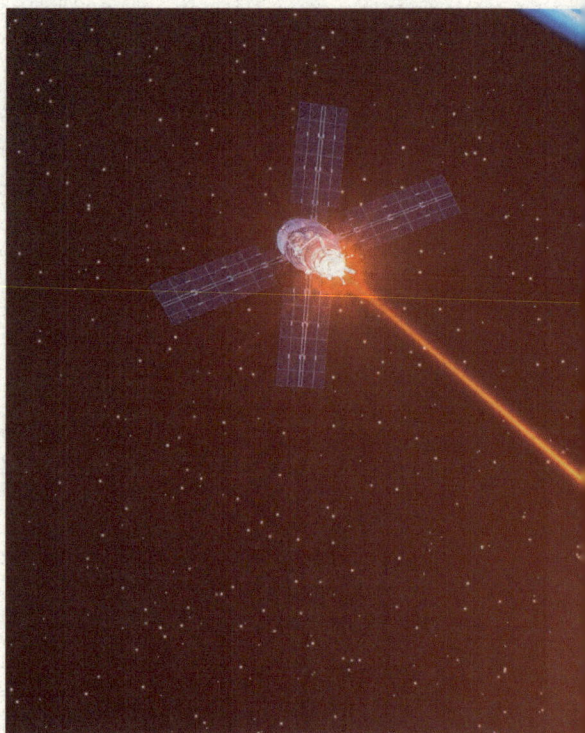

战略激光武器

战略激光武器的功率通常在千万瓦级以上,射程在几百到几千米之间,主要用于攻击战略导弹或卫星。

▲ 波音 YAL-1A 击落弹道导弹构想图

▲ 军用飞船激光武器想象图

75

激光与科学研究

　　激光发展到今天,能深入人们生活的方方面面,与一代代科学家坚持不懈的科学研究有非常密切的关系。可以说科学研究成就了激光,反过来激光又推动了科学研究的发展。

激光物理

　　激光在物理领域的应用是激光科学研究中最先进和最具潜力的应用之一,比如激光焊接、激光切割等加工技术中,就深入运用了激光的物理特性。

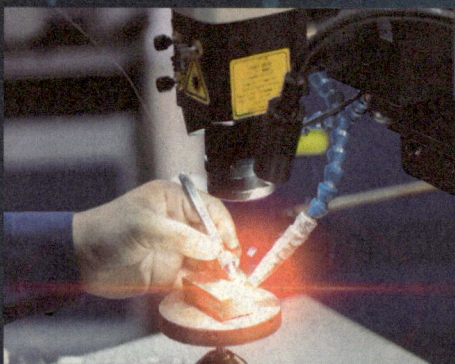

▲ 激光焊接

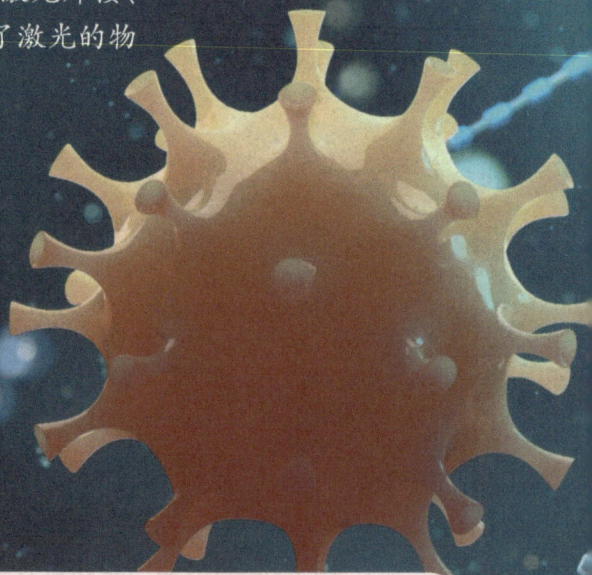

天空中的光谱

　　我们在生活中可能无法看见全光谱,但部分光谱是可以看见的。比如雨后的彩虹,就是空气中残留的小雨滴代替了棱镜的作用,将太阳光色散成我们肉眼可见的赤、橙、黄、绿、蓝、靛、紫七色光谱。

水滴

阳光

光谱光　　水滴

　　▶ 穿过雨滴的光线在进出雨滴时发生折射,同时在雨滴内部发生反射,从而形成彩虹

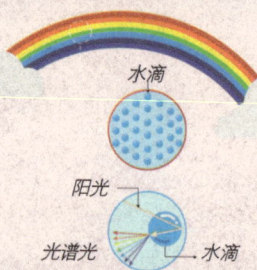

激光化学

　　激光在化学领域的应用也处于激光科学研究的前沿,激光器中就有一种专门以化学反应提供能量产生激光的化学激光器,而且很多军事武器都涉及激光的化学奥秘。

超微世界

　　在激光诞生之前,我们对原子内部的超微世界并不是很熟悉。激光束的出现使我们进一步了解了原子之下更细微的世界,同时也衍生出激光光谱学、纳米科学等新的研究领域。

激光光谱

　　光谱是一系列光波按波长大小排列的单色光图谱。激光的单色性远比普通光要好,因此以激光作为光源得到的光谱在灵敏度和分辨率方面都很有优势,已发展成为新的光谱技术。

超微量检测

利用激光的高灵敏度,可以选择性地针对处于空间中的某一个单独的原子,检测它的存在以及其他行为。如果没有激光,是根本不可能做到这样的超微量检测的。

▲ 纳米科学技术指用单个原子、分子来制造物质的科学技术

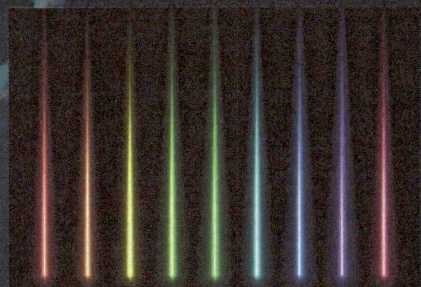

▲ 红色(660和635纳米)、绿色(532和520纳米)和蓝紫色(445和405纳米)激光

激光与太空探索

随着科技的发展，人们不再满足于仅仅将激光应用于地球范围内，科学家们逐渐研究出了在太空应用激光的技术。如果我们能登上空间站，也许可以看见炫丽的激光在宇宙中飞行，在各卫星之间穿梭呢。

▼ 月球的陨石坑中，激光束指向地球（想象图）

月球测距

激光可用于测量云层、卫星等普通工具无法测量的对象。我们曾经用激光测量过地月距离，并获得了精确的测量数据。

世界上第一个原型激光武器的作用

世界上第一个原型激光武器系统诞生在苏联，它的作用有4个：

1. 完全摧毁卫星；
2. 干扰或破坏其他卫星的光电系统，使之失效；
3. 推动卫星，迫使其在太空中翻滚，破坏卫星的天线和太阳能电力系统；
4. 用强大的 X 激光束照射敌方卫星，破坏其电子设备。

宇宙杀伤者

苏联曾在1981年向太空发射过一颗名叫"宇宙杀伤者"的卫星。这颗卫星上装载有高能激光武器，成功使得美国一颗卫星中的电子设备失效。可见，激光武器在太空中也是威力十足。

太空对话

我们在发射升空的卫星上循环播放地球音乐，希望太空中有和我们人类相似的生命接收到信息后可以联系我们。在卫星上播放音乐就使用了激光唱片，因为它不仅容量大，而且存储时间长。

▲ 2016年4月15日，泰德天文台进行激光信标测试，发射出肉眼可见的激光束

激光望远镜

哈勃望远镜是用以观察宇宙空间的著名望远镜，它的价格昂贵，目前世界上只有一台。那么有什么办法能让地面上的天文望远镜拥有和哈勃望远镜类似的功能呢？现在有了激光，这个想法得以实现。在天文学领域中，人们将这种激光望远镜统称为自适应光学观测系统。

▲ 太空飞船和激光束想象图

激光推动太空飞船飞行

高能量的激光束不仅能作为武器使用，还能在太空中替代别的能源，推动太空飞船高速飞行。但目前这项技术还在测试阶段，未来有可能用于为执行太空任务的航天员们运输物资。

79

激光核聚变装置

　　激光的重要性能还体现在核能这一国之重器上。核能的威力十分巨大，如果把地球上能产生核能的资源充分利用起来,那么未来千年人类都不会为能源不足而焦虑了。

核能

　　核能又被称为原子能,它是原子核里的中子或质子重新分配和组合时释放出来的能量。目前世界上只有两种核能,一种是核裂变产生的核能,一种是核聚变产生的核能。

　　▶ 核裂变又称链式反应,当一个中子撞击一个铀原子时,这个铀原子就会分裂,并释放出 2~3 个中子;这些中子再去撞击其他原子,并依序进行下去

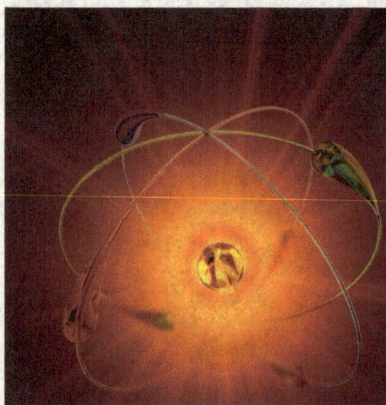

　　◀ 核聚变是两个或两个以上的原子核在超高温等特定条件下聚合成一个较重的原子核时释放出巨大能量的反应

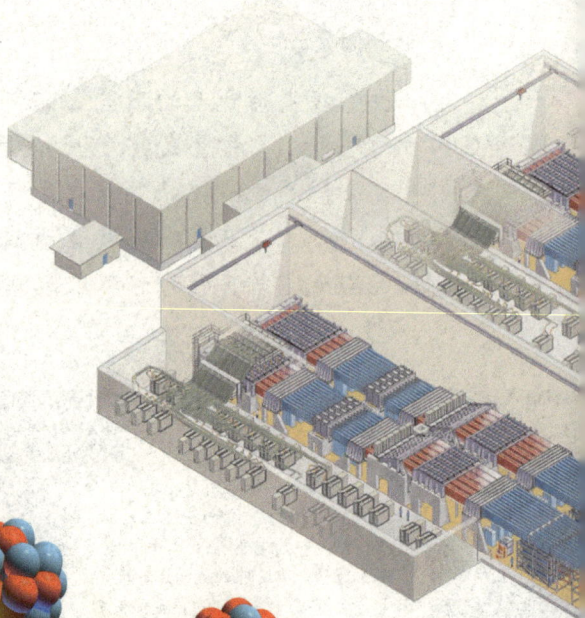

激光核聚变

激光核聚变装置是以激光作为主能量源,利用激光点燃聚变燃料,产生核聚变能的试验装置。这项试验意义重大,如果哪个国家能领先试验成功,那么该国国力将得到质的提升。

技术难点

美国建成了一套拥有世界上最强激光束的核聚变试验装置,但它的点火装置存在很大的难点,需要攻克。比如,要想点燃聚变燃料,激光器的能量就必须大于 1 亿焦,目前此技术很难实现。

◀ 美国国家点火装置(世界上最大的激光装置,其目标是实现点火,让核聚变燃料进入点燃状态)

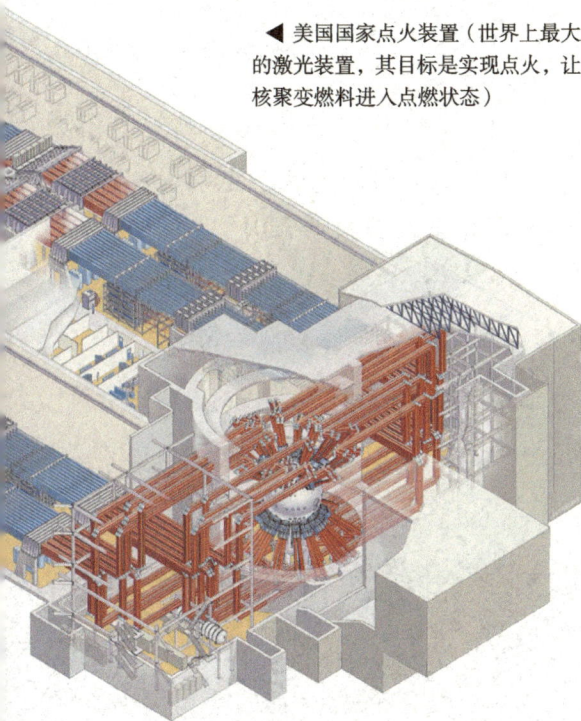

热核点火技术

在激光核聚变研究中,点火问题一直是个难题,激光器的功率根本没有那么大。为了减轻激光器的功率压力,科学家们提出了一种新的热核点火技术。他们利用许多激光束,从四面八方同时均匀地照射核聚变燃料,先解决核聚变燃料表层加热问题,再想办法将热能传导到核聚变燃料内部去。可即便是这样,也还是无法彻底解决点火问题。

▲ 小光束激光器测试将用于美国国家点火装置的设计

应用目的

世界各国积极研究激光核聚变的最初目的源于军事。如果激光核聚变研发成功,便可在一定程度上替代地下核试验,距离拥有新的核武器又将更进一步。

中国激光核聚变技术

1964 年,我国著名物理学家王淦昌院士提出了激光核聚变的初步理论,使我国在这一领域的科研工作走在当时世界前列。

1986 年,我国激光核聚变试验装置"神光"研制成功,聂荣臻元帅还专门写信祝贺。

中国激光技术术的发展

中国激光技术的发展起步早、起点高，在起步阶段就和当时的国际水平接近，而且这么多年来一直走在世界前列。

全球市场占比扩大

我们不仅要占据大部分的国内市场，还要将中国制造的激光切割机销售到海外去，占据国际市场。事实证明中国力量是强大的，2010年我国的激光切割机就占到了全球市场份额的20%以上。

自主开发力度加大

中国作为一个工业大国，对激光切割机的需求量很大，曾经我们主要依赖海外进口。为了摆脱这个状况，我国加大了自主开发力度，在2010年实现了半数以上的自产自销。

▼ 随着光纤通信系统的广泛应用和发展，人们越来越重视超快速光电子学、非线性光学、光传感等领域的研究

▲ 国内的激光市场仍处于高速增长阶段，未来更是有望实现翻倍增加。目前国内的激光产业主要聚集在深圳、武汉两地，其中深圳是国内的重要销售市场，领先于其他地区

未形成产业链

市场形势虽然大好，但我国大功率激光切割装备的产业链远未形成。我们缺少制造激光器的关键零部件，只有真正研发出自己的激光核心设备，才能完全摆脱依赖进口的现状。

有志青年回国创业

目前已有一大批学有所成的有志青年积极回国创业，创立了光纤激光、半导体激光器研发等领域的高科技公司，致力于研发中国自己的激光技术。

激光产业向智能化迈进
目前，我国研发自己的核心激光技术是第一步，接下来还要把激光技术与蓬勃发展的人工智能结合在一起，向全自动化产业等智能制造转变。

中国的激光武器

　　中国激光技术的最高水平体现在中国的激光武器上。从 1964 年开始投入研发，到正式列入"863"计划，今天，我国的激光武器已取得了突破性发展，正走出国门，走向世界。

光盾

　　我国的"光盾"激光武器，集雷达、电子战等系统于一身，可对敌方目标进行预警、识别和干扰，并对低空飞机、导弹等来袭目标进行精确定位，摧毁对方的打击能力。

低空卫士

　　我国还有一种叫作"低空卫士"的激光武器系统，适用于拦截并摧毁"低、慢、小"的空中目标。2014 年北京主办的亚太经济合作组织会议就用它作为安保。

▲ "低空卫士"使用的激光属于非可见光波段，因此实际操作时，人眼并不能看到激光射出，而只能看到无人机在飞行中突然起火坠毁，可谓伤"机"于无形之中

寂静狩猎者

　　"寂静狩猎者"防空系统是我国自主研发的一款低空激光防空系统。它的威力巨大，可在几秒内击穿位于1000米以外的钢板，主要用来拦截低空无人机，保障国家安全。

死光 A

　　"死光 A"是我国研制的一款重型战略激光武器系统，目前还在试验阶段，主要用于战时摧毁敌方的军用卫星、空间站、弹道导弹及核潜艇，是重量级武器系统。

激光技术的前景

今天的激光技术已经趋于成熟和完善，但仍有很多潜能等着人类继续开发。

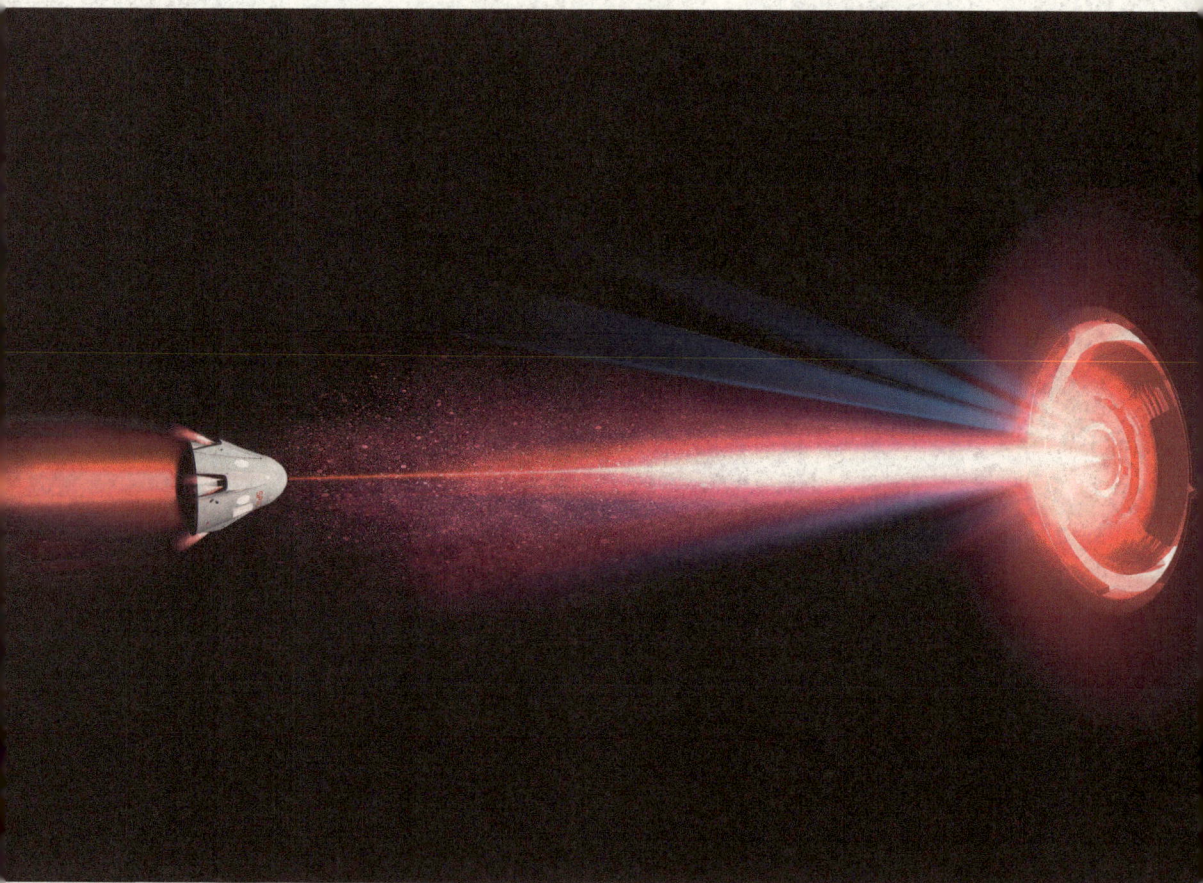

▲ 激光飞船和激光束想象图

激光火箭

高能量的激光束如能实现技术上的突破，将可以作为火箭的助推能源，那样火箭的升空速度就会在现在的基础上提升数十倍。

未来能源库

激光核聚变是实现受控热核聚变的重要途径，这一技术一旦成熟并投入大规模使用，我们将拥有可人为控制反应速度、清洁无污染、取之不尽用之不竭的能源。

▲ 激光核聚变产生能源想象图

信息高速公路革命

在信息传输方面，激光光纤通信正在逐步取代传统的通信方式，成为现代信息社会的"神经"。激光将在日新月异的高速信息变革中大显身手。光速信息时代也许就是激光带来的。

▼ 光纤通信

无人驾驶汽车

无人驾驶汽车是未来汽车的发展方向。在汽车的车载传感系统中安装激光雷达，可以很好地规避行驶过程中的障碍物，并对周围环境及时作出反应，避免发生交通事故。

▼ 自动驾驶

未来的激光器

　　激光技术的发展始终离不开激光器，只有激光器技术的不断革新，才能推动激光技术不断提升。想象力是世界进步最好的推动力，大家一起来畅想一下未来的激光器会是什么样子的吧！

▲ 激光模拟宇宙大爆炸

超快激光器

　　超快激光器是激光器发展的一个新领域，它的超快激光所产生的极端物理条件，可以模拟宇宙大爆炸、太阳中心温度、核爆等极端现象，为人类探索地球起源开辟道路。

无限光明的未来

　　基于科学家在物理、化学、生物等领域的研究，未来的激光器，无论是固体激光器、气体激光器、化学激光器、半导体激光器，还是准分子激光器、液体激光器、自由电子激光器，一定都会有新的突破，给国家以及我们的日常生活带来翻天覆地的变化。

光纤激光器

　　光纤激光器作为第三代激光技术的代表，在远距通信、工业制造、军事国防安全、大型基础建设等许多方面都能派上用场，甚至还能作为其他激光器的能量来源，拥有巨大的发展空间。

可调谐激光器

　　可调谐激光器可在一定范围内改变激光器输出激光的波长，在进行光谱学、光化学、生物学等一系列高科技研究的时候都离不开它。

▼ 人类激光飞船飞过一颗外星星球（想象图）

高功率激光器

　　高功率激光器近两年才被人们大量提及，它主要应用于军事国防，在制导、激光雷达、引爆等方面都有超凡表现。从一定程度上说，高功率激光器的发展也就是未来激光武器的发展方向。